It's never too late
to have a happy childhood

回弹力

是什么帮你撑过了艰难时刻

[芬兰] 本·富尔曼（Ben Furman）◎著
[芬兰] 李红燕 ◎译

谨以此书献给:

我的父亲母亲,感谢他们给予我的一切。
感谢母亲教给我的全局观,
能够看到人性的善而不是恶。
感谢父亲传给我的不可救药的乐观和幽默,
以及永远能在严肃事件中发现可笑之处的能力。

目录

001　推荐序　放下苦难，才能看到笑脸

005　译者序　寻找生命中的一束光

013　致谢

017　前言

019　开篇　可以弯，不能折

"回弹力"是用来描述人们在面对困扰、挫败和威胁时所表现出的生存能力。

031　第一章　逆境生存

人类是一种非常有弹性又善于不停地调适和发展的生物，只要他的大脑足够强大，就能够持续地学习新东西，达成自己的目标。

053　第二章　学会理解

一个骇人或令人焦虑的体验可以变得不那么骇人或令人焦虑，只需要拉开距离重新审视或理解所发生的一切：看看到底发生了什么，到底是怎么回事。

069　第三章　幸存者的骄傲

当我们把注意力放在自己的生存能力上，就会开始自我尊重，回顾往事的时候就不再只是懊悔，而会生出更多的骄傲感。

079　第四章　拥有快乐童年，永远不嫌晚

一个人的困扰、羞愧和罪恶感能够在他的童年时期得以处理，当然是最理想的。

但是如果童年时没有机会，任何时候开始处理也都不晚。

093　第五章　成长的契机
我见到过这个世界最黑暗的一面,这些经历让我愈加强大。我比那些只经历过快乐的人更懂得生活。

107　第六章　正向思维
为了学会正向思考,我们需要具备一种能力,一种用不一样的视角看待事情的能力。
我们必须要从不同的视角去看待事情,找到其中有用或者有帮助的部分。

119　第七章　问答录
重要的不是发生了什么,而是你的反应。

155　第八章　结束语
我们的生活就是一个个故事,这些故事活在你的叙述中,随着视角的改变,赋予的意义,阐述的方式和后果的不同而改变着。

161　附录

推荐序

放下苦难,才能看到笑脸

感谢李红燕女士和本·富尔曼先生的邀请,这让我有机会把我的文字和本·富尔曼先生的文字放在一起,这是一件非常荣幸的事。

想起本·富尔曼先生,就想起了他灿烂的笑容和幽默诙谐的语言,想起了他和他的伙伴创建的闻名世界的"儿童技能教养法"。李红燕女士作为本·富尔曼先生著作的翻译者与合作者,把他的中文名字译成"富尔曼"也是够喜气的。富尔曼先生是一位精神科医生,他所研发的基于焦点解决心理学的"儿童技能教养法",给很多中国家庭带来了信心、希望和活力,也帮助成千上万的儿童和家长找回了欢乐。

《回弹力》这本书绝对是一本薄书,估计这是本·富尔曼医生体谅到了现代读者的忙碌。本书展现的深邃的后现代心理学思想、积极心理学理念和深切的人文关怀，深深地打动了我。我真切地意识到，只有一直关注儿童心身发展、重视儿童快乐健康、真正乐于帮助很多逆境儿童克服困难，在心理学、社会学、人生哲学领域功底深厚的大师，才能以如此简洁、高效、精准的优美文字，诠释如此深奥、精致、细腻的人生哲理，并将它们以通俗易懂的方式呈现给普通大众。当然，李红燕女士信达雅的翻译也功不可没，为本书增色不少。

诚如富尔曼医生所言："苦难是成长过程的一部分，即使我们对孩子循循善诱，尽力保护他们免受苦难，他们当中的很多人也还是会在成长过程中经历或多或少的创伤。"任何成功的历史人物，都有一段不平凡的童年。即使在和平年代，人们也难免会经历一些意想不到的生活磨炼，中国的王阳明倡导"事上磨心"，古诗词也赞赏"梅花香自苦寒来"。20多年的临床心理学经验也让我深切感受到，惟有走过逆境、克服困难、经过挫折的快乐，才可能是真正意义上的快乐。然而，并不是所有的人都有能力战胜苦难，或有运气走出苦难的阴霾，很多儿童饱受苦难的折磨，伤痕累累，乃至被苦难吞噬，无法回到正常生活。我们需要很多的方法和手段，才可能帮助孩子们免受苦难的摧残。本·富尔曼医生基于大量的文献阅读和案例解读，借助其深厚的短程心理疗法和焦点解决思维，加上芬兰独特的文化气息，让我们在短短的文字里，看到了如何克服逆境、获得快乐的宝贵路径，找到了清晰的解决之道，实属难能可贵。

今年是汶川大地震十周年，作为中国科学院心理研究所北川心理援助工作站的站长，当时我和心理所的同事们，团结全国近三千名心理援助志愿者，在四川设立了七个工作站，开展了连续三年、持续五年的灾后心理援助工作。我们在四川境内亲身见证过很多灾区儿童的苦难和不易，虽然心理援助起到了一定的缓冲作用和疏导价值，但是面对巨大的灾难，我们的力量还显不足，留下了很多的遗憾。但愿本·富尔曼医生的著作能够给经历了苦难童年的朋友——包括儿童时期经历了汶川地震创伤的朋友们——一个崭新的视角看待灾难，理解逆境和苦难，找到更多的资源，觉察自己作为幸存者是怎样一步步走出来的，也祝愿他们把握更多的成长契机，培养正向思维，从烦恼中获得菩提智慧，走向快乐人生。

最近几年，我一直推崇亲子教练的方式，以此帮助更多的儿童青少年工作者及家长学会更好地与孩子沟通与对话，亲子教练借助聆听、提问、回应、反馈等技术，给孩子更多的时间与空间，引导孩子做自己，并在此基础上成为最好的自己。基于对焦点解决技术的共同热爱和深入研究，我的工作也借鉴了很多本·富尔曼医生和李红燕女士的思想和技术，在此一并致谢。

诚挚祝贺本书在中国顺利出版，热忱向心理学爱好者、家长朋友、青少年心理健康工作者推荐，深深祝福本·富尔曼医生能够培养更多像李红燕女士这样的本土化优秀专家，让儿童技能教养法在中国发扬光大，一起推动中国儿童和青少年的健康发展，让我们的下一代更加充满活力、充满自信、充满希望地成长。

中国科学院心理研究所 教授 **史占彪博士**
中国心理卫生协会青少年专委会副主任委员

译者序

寻找生命中的一束光

李红燕

也许是命运使然,我在人生的十字路口遇见了富尔曼医生,改变了我看世界的眼睛和角度,也改变了我后半生的生命轨迹。跟随富尔曼先生快六年了,在他的引领下,我和我的伙伴们一起在中国传播"儿童技能教养法",活得越来越轻松,越来越快乐。因为我们开始相信,未来是可以由自己创造的。

认识富尔曼医生不久,就在他的书架上看到了这本书。这是一本被译成多种语言、在好几个国家畅销的、非专业人士可以读懂的"专业书籍",我一直想把它翻译出来,奉献给国内的朋友们,因为我知道我们的家长和很多的专业人员有多么期待这本书里的声音。

西方心理学一直流行着这样的一个说法："不幸的童年必将导致不幸福的人生！"近年来，中国经济的飞速发展带来了很多的不平衡，中国的抑郁症患者总数已经是全球之最，心理咨询的需求也变得越来越多。而与此形成鲜明对比的是，我们国家心理咨询行业发展滞后。很多寻求帮助的人，会被专业的心理咨询师带回痛苦的过去，愈发不可自拔。

"童年的境遇到底在多大程度上影响我们的生命和发展，从20世纪初弗洛伊德的精神分析学说问世以来，这个问题就一直困扰着西方世界。之所以如此令我们关注，是因为它触及了哲学的基本困境：'人们是有自由意志的，还是环境的牺牲品？'"富尔曼先生在这本书里，用大量真实而生动的故事以及研究数据告诉我们，"拥有快乐童年，永远不嫌晚"。我们不必花大量的时间去苦心琢磨"为什么我们的今天会是这个样子的"，但是应该好好思考"如何改变自己"这个有价值的问题。

这本书秉承了富尔曼先生的一贯作风——大道至简。薄薄的一本书，是他几十年实践和研究成果的结晶，含有太多的信息量，值得你反复阅读。它简单明了，像一本"心灵鸡汤"书，却不失专业的严谨。就像他的工作坊，短短的三天参与其中会给你留下无尽的回味。翻译这本书的时候，我的耳边一直回响着他的声音，眼前一直浮现着他的音容笑貌。所有的学员们都说，富尔曼先生讲解的都是朴素的道理，他说的你都懂，只是你从来没有留心从那个角度看过。是的，他的慈悲不是高高在上的，而是平实亲切的。他的理论不是深不可测的，而是入情入理的。他是我见到的最会讲故事的人，善于把专业艰涩的问题用最通俗易懂的方式说出来。不过，我在工作坊上最期待的是他回答学员提问的部分。在这本书的第七章（问题和回答），我再一次被他的慈悲、坦诚、温暖和专业所折服。那些令人纠结的问题在他的点拨下，好像都不再是问题。更重要的是，他的应对不是飘在天上的大道理，而是有理有据的，也是可以一步步执行的。

这是一本给普通读者的书——如果你依然对过去的苦痛无法释怀，它可以帮助你跟过去和解。我跟随先生于20世纪90年代初来到芬兰不久就赶上了移动通信的大发展，在最好的时间加入了诺基亚这个国际化大公司。在芬兰二十多年的生活和工作对于我来说是平静而舒适的，尽管书中讲述的那些悲惨的芬兰往事与我在芬兰经历的生活相去甚远，但是字里行间，让我第一次读出了经历过战争苦难的芬兰人引为自豪的民族精神SISU（意志力），理解了什么是生命的"回弹力"。我相信书中那些普通人的自救故事也能够为你提供新的视角，学会在艰难中看见自己生命里的一束暖光，让我们不必依赖专业的治疗师而学会自救自助。心理学里面有一个著名的情绪ABC理论，它告诉我们，事件本身对情绪的影响是间接的，而我们的信念，也就是我们对所发生事件的解读，才是造成这个情绪的直接原因。过去的经历能够影响我们的未来，但是我们所认定的在未来将要进入的生活画面也会影响我们对过往生活的看法。如果我们允许阳光照进我们想象的未来，那束阳光也会照亮我们的今天和我们的过去。

富尔曼医生说，这本书也是给专业人员写的。他希望借由这本书让专业人员意识到，"童年影响"的真相远比想象的更为复杂。专业人员要能够支持来访者走出"过去的囚牢"，与自己的过去建立新的健康的关系，激发他们内在的生命力，找到最适合自己和最自在的生命状态。

我觉得这本书还能够让许多心怀内疚的父母获得解脱。很多年轻人因为自己不如意的现状责备父母，也有很多单亲家长常常对自己的孩子深怀歉意。富尔曼先生告诉我们："我们应该允许孩子们就我们的养育方式有一些抱怨。没有完美的家长,即使我们努力去做到最好,也都会犯一些错误,承认这一点没有什么大不了的。"几年前翻译《非暴力沟通亲子篇》(华夏出版社已出版)的时候见到一句话,给我留下了很深的印象。马歇尔博士说:"你不能逼迫你的孩子做任何事。你所能做的就是让孩子们期望'要是自己做了该多好'。而后,他们会让你觉得,要是从来没有令他们如此期望就好了。"这是多么绕口的一句话呀。我跟很多做父母的朋友讨论过后半句的意思,大家各有各的看法。一位年长的芬兰朋友笑着说:"说得真好!你不觉得做父母就是一个永远做错的职业吗?"是啊,作为独生子女的父母,我自己深有感受,管多了,管少了,太强势,太软弱,什么是刚刚好?真的很难把握。我们可以为自己做错的部分或曾经的无知或鲁莽道歉,但是我们尽力了,我们在那个时候做了自己能做的最好选择。我们都要学会跟自己的过去和解,有太多内疚感的家长不仅无法让自己享受生活,也无法帮助孩子走出困境。

我还希望这本书能够带给当下焦虑的父母一些安慰。年轻的家长需要学习接受一个现实:作为父母,即使竭尽全力为孩子提供最好的生活环境,保护他们免受苦难,他们当中的很多人还是会在成长过程中经历或多或少的挫败甚至创伤。更重要的是，我们自己要学会放下种种担心，笑对生活，把不幸和挫败看作是生活和成长的一部分。自己活出幸福的状态，才能够让孩子对未来充满向往，才让他们有信心去追求美好的未来。

我曾经问过富尔曼先生，他认为这本20年前出版的书籍在今天有没有"过时"？他回复我说："这本书是20年前出版的，直到今天仍在许多国家畅销。我相信关于童年的这一话题永远不会过时，因为总有人会因为曾经的艰难境遇而无法自拔，总有人想知道如何看待自己过往的困扰，以及如何应对他们所遭遇的不幸。我们的生命与过去有着千丝万缕的联系，这本书可以帮助我们与曾经的过去建立更为健康的关系。"

富尔曼医生跟我不止一次提起他的一个愿望，希望这本书能够带来一场讨论——如何与自己的过去和解。他期待在中国发起一个类似的问卷，请中国的读者们回答以下三个问题：

1. 你觉得是什么帮你撑过了艰难的童年？
2. 当年的你从中学到了什么？
3. 在后来的生活中，你是如何设法弥补自己曾经被剥夺的一些童年体验的？

我不知道在中国会不会有这样的一场讨论，但是我真心地希望跟这本书有缘的朋友去思考这三个问题，并试着回答，因为它们会让你看到你生命中的那束暖光，并一直照进你的未来。

最后我想说，如果你愿意把你的回答告诉富尔曼先生，我会很愿意替你转达。请发到电子邮箱：huitl@hxph.com.cn

2018 年 2 月 8 日

写于北京

我收到了差不多 300 份感人至深的读者来信，
在读了这一堆信件之后，我才真正从心里确信，
人类确实是这样一个物种，
能够克服任何艰难困苦，涅槃重生。

致　谢

这不是我自己能够独自完成的写作。我浏览过很多有关这一题材的研究文献，发现"战胜苦难童年"确实是一个很热门的话题。这一话题吸引了很多的专家学者，它甚至成了心理学研究的新趋势。

我曾经跟很多人探讨过童年的重要性，还在国内外的论坛上发起过这类的讨论。论坛中的那些对话对于这本书的形成有着重要的意义。它不仅激励我在这一课题上做深度的探索，也为我提供了丰富而翔实的资料。

非常感谢给我来信的朋友们，他们以分享个人经历的方式，参与了这本书的写作。1996年秋天，两本芬兰杂志发表了我的抽样调查问卷，并发布了我要为这个主题写一本书的预告。在预告里，我邀请那些有过不幸童年的读者给我写信，讲一讲自己的经历，并回答我三个问题：

1. 你觉得是什么帮你撑过了艰难的童年？
2. 当年的你从中学到了什么？

3. 在后来的生活中，你是如何设法弥补自己曾经被剥夺的一些童年体验的？

我收到了差不多300份感人至深的读者来信。不夸张地说，这些信打开了我的眼界。虽然我能够从理论上阐述"苦难的童年有可能在后来的人生中呈现出它的价值"，但是，只有读了这一堆信件之后，我才真正从心里确信，人类确实是这样一个物种，能够克服任何艰难困苦，涅槃重生。我也开始相信，人们能够把曾经经历的一切，包括最苦难的经历，变成一种坚强的源泉而不是软弱的借口。

很多写信给我的人对我的项目表达了支持，他们说，很高兴发现有人在质疑"不幸的童年必然导致某种悲惨命运"这一信念。

经常看到一些人把某个青少年或者成年人具有的某种特质想当然地归罪于他/她的童年经历，我真的很生气。我不认为不幸的童年一定比所谓"正常的童年"更能导致一个人成年生活的不快乐。

尽管发生了那么多的事，我还是非常满意自己。不管生活多么艰辛，我都不会放弃坚持和努力。我不是酒鬼,也不是失败者,我有孩子,有工作。只因为我父母都酗酒,很多人对我和我的哥哥没有成为酒鬼感到不解。我真想对他们竖中指!他们总是对那些父母有酗酒问题的孩子另眼相看,觉得我们就该成为失败者。我希望您的书能够强调正向积极的一面,让大家看到,即使一个人的童年不那么完美,生活依然是值得期待和努力的。

就算你的童年很艰难,长大以后依然可以拥有或美好或痛苦的生活。人们常说"有其父,必有其子",你是你父母的产品,如果你在孩提时代缺乏安全感,就不可能成为一个健全的人。然而,很多活生生的实例已经证实,尽管遭遇童年不幸,很多人还是健康地长大成人了。一个人的生命旅程中会有各种际遇,我自己就得到了很好的成长机会。我的童年经历的确给我的心灵留下了阴影,但我依然能够享受生活,能够应对生活的各种挑战。现在有人能够站出来破除这个童年阴影的迷思真是太好了,因为一直以来它让很多人身陷其中。

我尤其高兴的是,很多给我写信的人提到,他们童年

的特殊经历是如何帮到了他们日后的生活。

写出这些之后，我感到很释然，有一种更放松的感觉。写作能让我平静地思考，对于我来说它本身就是一个疗愈的过程。谢谢您，我感觉自己被净化了，有一种祥和的感觉。

我通常是不会写这些的。我是说，这是我生平第一次把这些往事变成文字。此刻已经过了午夜，我有一种重生的感觉，仿佛刚刚完成一幅画作。可以说，这个过程非常值得。

我猜想，我也许没有正面回答您的那些问题。不过，我自己感觉到了一种解脱。

我从心底里感谢这些给我写信的人。读过那么多的书和文章，看到那么多读者来信，跟大家有过那么多的讨论，更有很多读者跟我分享他们心底里最隐秘的故事，我希望这本书能够反映哪怕是一点点那些著作、书信、故事和讨论呈现给我们的生命哲学。为保护隐私，本书在引述他们的故事时，隐去了他们的真实姓名。

前 言
关于这本书

一天,一辆大大的摩托车从我的面前呼啸而过。那个摩托车手身着皮装,留着乱蓬蓬的胡子,长长的头发从头盔下潇洒地甩出来。车身上有个大大的挡风板,上面贴着一行字:"拥有快乐童年,永远不嫌晚!"我立刻领会了这个表达的寓意,但它隐含的悖论又令我发笑。开始时我只是被这句俏皮话所吸引,它让我想起了一个电影的名字"回到未来",但是慢慢地我开始感到那个说法里面藏着一个我正在寻找的谜底。

我想,无论是谁最初发明了这个说法,一定不是为了让我们粉饰曾经有过的不快乐的过去,去改变真相,欺骗自己。他的意图肯定不是说我们应该假装有一个快乐的童年,或者是要学会隐藏自己的负面经历,编造一个快乐的童年经历。我开始猜测这句短语中所包含的充满智慧的深意。

我记得著名的美国精神科医生米尔顿·埃里克森说过

类似的一句话:"每个人都知道应该如何解决自己的问题,他只是不知道他知道。"最初,它对我而言只是一句绕口的话,但是当我学习了短程心理学和焦点解决的方法以后,我明白了埃里克森医生这句话的真正含义。他相信,人们在内心深处常常是知道什么是可能帮到他们的,而咨询师的工作只是需要找到一个合适的方式,把他们内在的智慧调动出来。

"拥有快乐童年,永远不嫌晚",到底是指什么?这本书就是我在寻找答案的努力中交出的一份报告。

开篇:
可以弯,不能折

"回弹力"是用来描述人们在面对困扰、挫败和威胁时所表现出的生存能力。

开篇：可以弯，不能折

西方世界的人们一直活在一种心理学理论中。他们普遍相信，一个人心理问题的根本原因就藏在他过去的经历里面。这就是为什么，很多人在追溯问题的根源时会一路找回到他们的童年。我们都学过：问题的根源就在于，我们的童年时期要么缺失了一些重要的东西，要么是有过什么创伤经历。专家们引经据典地跟我们解释说，一个人幼年的经历对于他日后的生活尤为重要。家长，特别是母亲，都要承受来自信奉这一理论的心理学专家的无情评判：孩子身上呈现的所有问题，从尿床到暴力犯罪，根源都在他们的童年。如今到处都能看到这一学说：公众社会或政治辩论、各种正式或非正式的讨论、脱口秀节目、访谈、报纸、专家文献、各种杂志期刊，乃至高中课本里。

没有几个理性的人会争辩说，那些不幸的童年完全不会给我们留下什么印记,或者说,我们不会受到来自成长环境的伤害。然而,我们今天的问题与负面的童年经历之间的关系也许并不如我们想象得那么显而易见。一个艰难的童年是不是一定会导致有问题的成年?或者说,一个人经历了创伤或者不快乐的童年,是否依然可以好好地存活下来?如何解释很多健康平和的人也曾经有过不幸或悲惨的童年,而另外一些有着很多严重问题的成年人其实是经历了相对快乐的童年的?确实,很多有着不幸童年的人长大之后遭遇了严重的困扰,但是没有人能够确定,那些童年的经历一定就是造成如今痛苦的根源。

统计表明,在不良环境下,比如在有家庭暴力、父母严重酗酒或者有长期心理问题的家庭里长大的人,成年后遭遇各种问题的概率比在"正常家庭"环境下长大的人要大得多。然而,其中的相关性并不那么显而易见。统计结果只能简单地指出其潜在的危险性,却不能证明不如意的童年经历必然导致成年的各种问题。

从前那些简单化和线性化的信念已经开始松动,比如:

- 遭遇不幸童年的孩子——将不可避免地在未来生活中遭遇各种问题;
- 成年人的问题——必然会导致孩子的不幸童年。

开篇：可以弯，不能折

当把研究的关注点聚焦到孩子是如何应对那些负面的生活经历时，这些结论似乎就不再那么显而易见了。

关于幸存者的最著名的研究当属艾美·沃纳（Emmy Werner）和鲁思·史密斯（Ruth Smith）在夏威夷的考艾（Kauai）进行的那个长期研究。这些关注文化的人类学家用了30年的时间，跟踪所有1955年出生的岛上居民。他们在1980年发行的那本《脆弱，却不可战胜》（*Vulnerable But Invincible*）的著作中描述了这样的一个事实：岛上被标注为"高危儿童"的孩子中，有1/3在18岁的时候成长为有自信并能关照他人的年轻人。另外的2/3，也就是大多数，成了"高危青年"。然而，1990年，当这两位调查人员再次查看那些材料的时候，他们发现，当初剩下的"高危青年"中的2/3在32岁的时候已然有了成功的人生。照这样一个深度研究的结果来看，相当于有3/4的"高危儿童"克服了各种困扰，在三十多岁的时候成功地走出了"困境"。

还有很多的研究也记录了类似的观察。研究人员雷诺（Renaud）和艾思川斯（Estress）在20世纪60年代对100位正常而成功的美国男士进行了研究，发表了一份关于人生和童年关系的研究报告。报告显示，这些男人中的大多数都经历过一些严重的童年创伤。按照心理学家和精神病学家的理论,他们曾经遭受的创伤足以导致一些心理疾病。然而,研究结果指出:

> 这100个男人的总体表现高于人群的平均值,完全没有精神病隐患和任何心理疾病。他们的童年都遭受过一些严重的创伤,或者都有"致病隐患",其程度就像我们以往从那些患有不同程度的、各种症状的精神病患者那里听到的一样严重。

长达一个世纪的各种毁灭式的战争经历也显示,人们通常能够神奇地走出战争带来的恐怖阴影。在关于恶劣家庭环境对人的影响方面,只有一些父母有酗酒问题的孩子会在他们长大以后开始酗酒,而那些父母有心理疾病的孩子成年后很少有人出现类似的心理问题。一小部分成长在家庭暴力环境下的孩子会有暴力倾向,也只有很小一部分遭遇性侵害的孩子在成年后出现类似的问题。

跟流行的信念相反,这些发生在孩童时代的情绪和心理问题并不会按照孟德尔遗传定律遗传给下一代。童年遭遇的问题和不快乐的经历也许会增加成年后出现类似问题的危险性,却并不是引发这些问题的根源。

研究员琼·考夫曼（Joan Kaufman）和爱德华·齐格勒（Edward Zigler）研究了童年暴力和性侵害的遗传模式，其结果毋庸置疑地显示，大众相信的"问题不可避免地遗传给下一代"是一种危险的迷思。他们说："那些在童年遭受过暴力的成年人会在他们的生活中一遍一遍地听到这样的说法，预测他们将来也很有可能会像他们的父辈一样打自己的孩子。因此，一些情形基本上就是一个自我预言成真的过程。与此同时，很多已经打破了这个暴力循环的人会感到自己像踩在定时炸弹上。"两位研究人员指出，这样广泛存在的简单化的迷思使得人们更加难以了解家庭暴力的真实原因，也误导了儿童福利机构和社会政策制定者的决定。

心理学家英格丽·克拉松（Ingrid Claezon），在瑞典对一些父母吸毒的孩子的生存状况做了长期的跟踪研究。她在《毫无胜算》（*Against all odds*）的序里写道：

> 在毫无胜算的情况下，或者可以说是在跟所有偏见的对抗中，有些孩子，虽然他们的父母长期酗酒，还是熬过了他们的童年，甚至很好地长到了成年。

同样生活在缺乏正向体验的童年中，为什么某个孩子会比另外一个孩子成长得好一些呢？研究人员也慢慢地对这样的一个问题产生了浓厚的兴趣。一大堆围绕着这个主题的文献、会议以及研讨会最近几年在世界各地出现，探讨如何让人们走出童年的痛苦。

由此催生了一个新词"回弹力"（resiliency），用来描述人们面对困扰、挫败和威胁时所表现的生存能力。芬兰的研究人员已经就"回弹力"做了研究，比如，芬兰儿童精神病学家艾拉·冉萨南（Eila Räsänen）就研究过因为二战而被安置到瑞典的芬兰孩子是如何撑过跟父母分离的岁月并生存下来的。这位精神病学的研究者观察到，跟大多数人想象的不同，绝大多数的战争遗孤都很好地生存下来了。他们中的很多人觉得，他们在这个历练中学到了很多，那些曾经的困难使得他们变得更加坚强，而不是脆弱。

在解决人类行为问题方面，心理学专家有一个传统的思路，他们会追究"为什么我们会变成现在的这个样子"。在寻找答案的尝试中，他们已经发现了无穷无尽的信息，告诉我们有哪些危险因素或者环境增加了疾病、异常行为和各种问题出现的可能性。调查者对所有可能的危险所做的分析研究，开始让人们把人生的旅程看成是走在黑暗的煤窑里，把养育孩子看成是如履薄冰。与此同时，我们也慢慢地意识到并接受了这样一个现实：哪怕我们有足够的经费支持这样的研究，也无法挖掘出这个世界上存在的所有潜在危险。

苦难是成长过程的一部分，即使我们对孩子循循善诱，尽力保护他们免受苦难，他们当中的很多人还是会在成长过程中经历或多或少的创伤。事实上，有些孩子还毫无缘由地总是遭遇一个又一个的苦难或厄运。我们仿佛已经走到路的尽头了。找出那些危险因素似乎并没有带来更多的好处，我们依然无法掌控这个世界，无法避免所有的危险。所以，在过去的十年里，研究人员开始把聚焦点转移到相反的问题上，也就是"为什么有些人没有变成别人以为他会变成的那样"。他们开始考虑那些可以保护和帮助我们去应对困境和苦难的方法。

芬兰有一种说法："那不能摧毁你的，定会让你强大！"然而，到底是什么让人们经历了苦难的童年岁月反而变得更强大了呢？一位备受尊敬的致力于社会工作的美国退休教授霍德华·古德斯坦（Howard Goldstein）在他的文章中谈到了他目前正在做的工作——研究人们是如何谈论自己的生活故事的。他的研究对象是一群二战前曾被安置在同一个"儿童之家"的老人。"儿童之家"的条件相当恶劣,孩子们受了很多的苦。那里的工作人员从未接受过正规培训,信奉严苛的宗教规条以及体罚式教养法。所有的孩子都在极其穷困的境遇下生存,根本没有受到什么健康关怀或者社会福利之类的服务。

跟惯常的想象相反,这些当初被虐待或遗弃的孩子们最终都长大成人了,大多数都还过得不错,甚至好过平均水平。在大量的访谈中,可以听到他们自己的各种解释,解释他们为什么会有今天的成功。有人说,是那些艰难的环境教给了他们该如何好好地关照自己。有人提到,回顾过去,他们发现那些带有宗教色彩的养育方式让他们拥有了不错的价值观。还有人说,那些困难唤醒了他们内在的愿望,令他们想对其他人展示自己的能力,证明别人能做的自己也一样能完成。

古德斯坦教授说,在他的所有访谈中,只有一个人,60多岁的贝蒂,是带着心酸讲述这段童年往事的。这个女人曾经是残障儿童的老师,有着很不错的生活。她的丈夫对她敬爱有加,还一起养育了几个令他们备感骄傲的孩子。尽管有如此显著的成就,谈起当年在儿童之家的生活时,贝蒂还是难以掩饰她的苦涩和愤怒。贝蒂的反应令古德斯

开篇：可以弯，不能折

坦教授有些疑惑。他想知道，经历了这么多的苦难，还能取得今天这样无论从哪个方面看都令人自豪的成就，她要怎么解释这一切呢？

"她刚要回应我，突然停了下来，"古德斯坦说，"显然是在反思刚才跟我所讲的故事。她略带迟疑，没头没脑地提到自己有段时间一直在看心理治疗师，她的父亲是几年以前过世的，父亲的过世令她陷入深深的悲伤和抑郁中，一直无法自拔。然后，她很严肃地回答我的问题：'你知道，在见到我的心理治疗师之前，我一直都没有好好想过我的童年。她要是不问，我从来没觉得我的童年有那么重要。当我跟她说起当年在儿童之家的经历时，我的咨询师特别难过，她告诉我，这是她听说过的最病态的童年。'她想了一会儿，难以置信地看着我说：'真是这样的吗？'"

贝蒂的案例告诉我们，虽然童年的经历会对我们造成难以忽略的影响，但我们不是"过去的囚徒"。美国著名的心理学家、积极心理学的创始人之一马丁·赛利格曼教授是"习得性无助"概念的发明者，他指出

> 在人的一生中，改变不仅是可能的，也是不可避

免的。即使无法知道"为什么我们会是今天的这个样子",但是"如何改变我们自己"却是可以思考的。如果你在生活中不停地重复同一个错误,你就去改变你的生活。一件挂毯未完成的部分并不是由已经完成的部分来决定的。编织者可以根据自己拥有的能力,自主选择如何完成剩下的部分——她不是必须用原来的材料去编织,也可以去设计接下来的图案。

有些人发现,他们在孩童时期发明的一些方法和态度帮助他们度过了艰难的童年。为什么一个成年人不能够用他小时候那样的态度和方法去应对生活中的困扰呢?也许不容易,但绝不是不可能。你要做的只是去学着理解那些秘密,努力把苦难变成激励自己的动力。

第一章

逆境生存

人类是一种非常有弹性又善于不停地调适和发展的生物，只要他的大脑足够强大，就能够持续地学习新东西，达成自己的目标。

我经常记起一段话,好像是这样说的:"最努力的人,是最蒙恩的。"这段话好像来自《圣经》,它常常给我以慰藉。

——维尔比(Virpi)

"是什么帮助你撑过了艰难的童年?"这是我向读者发出的第一个问题。这个问题引发了很多人的兴趣,人们开始思索。当然,没有人确知到底是哪些具体的因素帮助他们渡过难关,但是这个问题依然是有价值的,透过思考这个问题,可以让我们学着去了解,哪些可能的因素会帮助人们撑过艰难的岁月而不致彻底垮掉。

在西方的传统观念中,孩子被当成是一个脆弱的生物,很容易被伤害或摧毁。在阅读发展心理学书籍的时候,人们通常会习得一个概念:若要拥有身心健康的生命,就必须在童年时期有一个完美的母亲、一个体贴的父亲和至少一个兄弟姐妹。可是,这个"不可能的梦"是怎么来的呢?

二战令成千上万的孩子成为孤儿,他们被放在——或者我应该说是被"堆在"——"儿童之家",在那里过着悲惨的生活。这些孩子或许有饭吃,但是没有人关心他们所需要的滋养和关爱。医生们观察到,他们当中的很多人因此变得冷漠并自暴自弃。有些孩子死了,虽然并没有什么明显的疾病。儿科医生勒内·施皮茨(Renée Spitz)调查过这个现象,他把这种现象称为"依赖型抑郁症"。他提出,这种"选择性错乱"是因母爱被剥夺,也就是孩子跟母亲的分离所致。他的研究为统治西方已久的这一学说奠定了基础。按照施皮茨的说法,与母亲的分离对于孩子的成长是危险的和破坏性的。

然而,施皮茨的结论是有失偏颇的。"依赖型抑郁症"并不是孩子与母亲的分离所致,而更多的是因为缺乏来自养育者的照料、滋养和关爱。战争之后留下了很多的遗孤,那些收留机构缺乏足够的人手照料这些孩子,无法给予他们所需要的滋养和关爱。尽管被遗弃,这些孩子还是生存

第一章 逆境生存

了下来。然而,这些能够逃过遗弃或在丧失亲人的打击下幸存下来的孩子,却无法撑过没有关爱的日子。缺乏关爱和滋养的小孩子,就如同失去妈妈又没有得到另外的动物或者其他族群动物照看的小动物一样。即使是猕猴,如果把它们跟妈妈分开,放到一个笼子里,绑上两个铁皮奶瓶做它们的替代妈妈,它们也会生病。它们会发展出一些怪异的行为,或者会因为感染疾病或并发症而死去。食物,并不足以成为猕猴和人类生存的全部条件,我们的生命还依赖彼此的互动和触摸。

施皮茨的"依赖型抑郁症"的概念变成了儿科医生的主流学说,也渐渐奠定了我们的日常思维方式。我们开始相信,"研究已经证明",将小孩子与母亲分开对于他们的未来发展一定是有害的。但事实并非完全如此。如今,如果孩子遇到类似的情形,不会被硬塞到那些拥挤的机构里,而是会送给那些爱孩子和乐于照看孩子的家庭里。虽然没有人能够完全替代孩子的生母——毕竟孩子的生母是独一无二的,但是其他人也许可以透过提供足够的滋养和关照来保证这个孩子的正常发育和成长。我们的命运并不是由一次转折所决定的,即便孤儿也有可能成为一个正常和快乐的人。

他人的帮助

事实上，孩子的父母如果因为什么原因不能够尽职照看自己的孩子，对于孩子的成长并非像我们习惯上认为的那么可怕，孩子会在跟身边其他人相处的过程中寻求类似的体验。

玛利特在她的信里讲到她的母亲。她的母亲长期患有抑郁症，无法对孩子的各种活动产生兴趣。可是，玛利特的生活中还有很多其他人在照顾她，参与她的成长过程，比如她的祖母就跟她很亲近，还有比她大五岁的哥哥、她的教母、她好朋友的妈妈和其他三个小伙伴。

在心理学领域里，研究"是什么帮助人们撑过苦难的童年"，生成了一个新的概念，叫作"保护因素"。研究人员一直在试图定义到底是哪些因素保护了孩子在有害的环境里免受伤害，然而迄今为止还没有找到明确的解释。不过，大家基本达成的一个共识是，孩子跟身边的某个重要的人保持良好的关系应该算是一个重要的保护因素。

如果因为某种原因，孩子的一位家长无法对孩子表达爱意，孩子就会跟另一位家长形成比较亲密的关系。如果两位家长都无法履行父母的职责，孩子就会生出一种能力，去

第一章 逆境生存

有意寻找并发现替代其家长的角色。借助这样的关系，孩子会从替代家长那里获得无法从其生身父母那里得到的体验。

阿伊拉生长于一个外交官的家庭，她的父母长年旅行，几乎没有时间陪伴他们的孩子。如果要历数因为爸妈的疏离令阿伊拉错过的那些好处，她可能会写满整整一张墙纸。但是阿伊拉是一个人见人爱的孩子。幸运的她，不仅有跟她关系密切的祖母和外祖母，还跟小提琴老师成了好朋友。另外，她跟两位家庭教师的关系一直都很好，直到她成年以后，他们也还一直保持着联系。

阿伊拉并不是一个特例。人们如果无法在一个关系里得到他们想要的，通常就会设法从其他人身上去获取他们所需要的。爸爸可以替代妈妈的角色，妈妈也可以取代爸爸的角色。如果因为某种原因，孩子的生身父母无法给孩子以爱和关注，孩子的祖父母和其他亲人也经常能够给孩子以爱和欣赏。如果无法跟自己的父母谈论自己的心事，孩子会知道从哪里找到好的倾听者，找到能够鼓励他们的人。

"我有一位超级温暖的教母，"维尔比写道，他的弟弟生重病，占据了父母所有的精力，作为孩子，他一直觉得自己像是父母的一个负担，"我的教母相信我，我也相信她。我们在一起流了很多的眼泪,她给了我童年最美好和快乐的记忆。"

阿黛勒是美国的一位治疗师,她在互联网上的讨论中分享了自己童年的创伤性记忆,描述了她是如何找到能够给予自己支持的家庭的:

> 我必须说的是,是我的支持家庭,而不是我的原生家庭给了我飞翔的翅膀,让我超越了过去。我很小就学会"去尝试不一样的方法",走出去,找到另外的支持家庭。这个新的家庭接纳了我,给了我支持和无条件的爱,给了我成长所需要的一切。我觉得,是他们给我的灵魂插上了翅膀,开始了我永不停歇的飞行。

蒂娜在她的信里告诉我们,因为妈妈病重,当她还是一个小女孩的时候,就要照看自己的弟弟妹妹。她还讲述了自己如何不得不应对来自生身父亲的性骚扰。"我有一个很智慧的小学老师,"在回忆自己是如何生存下来的时候,她说道,"她让我在圣诞晚会上朗诵诗歌。从此之后,在春天的演奏会上,在母亲节,在独立日……我一直都照着她说的去做,直到几年前,我才领悟到这一切是如何帮助我把羞涩转化为勇敢,如何让内向的我变成了一个积极乐观的人。"

我们不应该低估同伴在一个人经历创伤时的影响。很多来信都强调了跟兄弟姐妹和好朋友拥有良好关系的重要性。还有人提到了在过往的生活中建立起信任关系的笔友。"我在全国各地有很多的笔友,他们的倾听给了我莫大的支持。"一位署名"像孩子一样沮丧,像大人一样开心"的人在信中写道。

宠物、大自然的疗愈

除了寻求他人的帮助,人们还会在身边的环境中找到保护和可以相替代的体验。人尽管脆弱,但仍然拥有令人惊讶的能力,他们会从自己童年的正向体验中获益。比如宠物,就是一系列重要支持元素中的一个,虽然人们并没有能够时时意识到它们的重要性。

"我们有一条狗。"有人写道,"我原来是一只丑小鸭。现在即使没有变成白天鹅,也至少变成了一只大鹅。那条狗对于我们家里的每个人都非常重要。我们没有彼此拥抱,但是我们都拥抱了那只狗狗。"

狗,猫,还有其他的很多宠物,都令孩子们获得了很多无私的关注和理解。赛亚写道:"因为我特别喜欢小动物和大自然,它们成为我生命中非常重要的部分。特别是狗狗，它们占据了我的内心。"

对很多人来说，大自然给予了他们生存的力量。我曾经收到很多的来信，强调观察和漫步在大自然中的经历对于他们有多么重要。

安娜-丽萨是一个在家里和学校都被嘲笑和严厉管束的女孩。她说，大自然不仅是她的避难所，也给她带来了很多积极的体验。"当我长大一点儿的时候，我就更愿意待在森林里了，我会尽可能地待在那里。我热爱大自然，热爱它不同的面孔以及四季的变化。我童年时光最美好的记忆都跟大自然有关。"

我们很多人都能回忆起儿时的一些特殊场所，那是一处属于自己的阳光明媚的避难所，或在自家小院里，或在森林的某处。它也许是沙滩上的一块大岩石，抑或是某处的一块小山坡，是我们发挥想象或者想心事的地方。青少年读物里面有很多的英雄人物都有自己的秘密藏身处，他们会在遇到挫折的时候去到那里冷静下来，重新积蓄力量。

想象力

人们拥有惊人的想象力，去构建现实生活无法给予他们的体验。需要的时候，孩子们能够逃到自己想象的世界里,就像路易斯·卡罗尔笔下《爱丽丝梦游仙境》中的那个小女孩一样。在想象中的天堂里,他们是安全的,身边围绕着好朋友和温暖体贴的成年人,他们能够体会到现实生活里无法实现的片刻的欢愉。作家、演员和一些富有创意的艺术家在他们的自传里或者访谈节目里都经常会讲到自己是如何在充满困扰的童年里长大的。有没有可能在那些孤独又恐惧的时刻,想象力偷偷地取代了真实的自我,而让他们终生获益?

想象力不仅能帮助那些身处逆境的孩子,也能帮助成年人应对一些问题。奥地利的一位精神科医生弗兰克尔(Viktor Frankel)在他的书中动情地讲述了自己当年如何透过对未来的想象帮助自己度过集中营的岁月。他梦想着有一天走出集中营后能够把这一段经历写成一本书。后来,基于他个人的经历和观察,弗兰克尔发展出了一套颇受欢迎的治疗方法,他给这个方法命名为"意义疗法"(logotherapy)。这套方法最基本的论点之一就是我们的幸福感很大程度上取决于我们对未来的憧憬而不是对过去的记忆。

那些经历了囚徒生活、遭遇过酷刑或绑架而幸存的人,经常会谈起他们是如何用想象力帮助他们在地狱般的境遇下而不发疯的。萨督是一个 5 岁孩子的祖母,她曾经有过饱受困扰的童年。她说，她的想象力能够帮助她逃出这个现实的世界，这个能力对她来说比什么都重要。"3岁的时候，我就已经是一个做梦的高手了。我常把自己想成是有皇室血统的公主，沐浴在早晨的阳光里，双脚站在沾着露水的草地上，等待着我的王子。这样想着，我的生活就变得格外的幸福和快乐。"

我可以从读者的来信里摘录几段感人的例子：

"心理学家问我可曾有过自杀的念头，不明白我怎么能够幸存下来而从没有想过自杀。那时，作为一个小孩子，我有一个想象中的秘密家庭，他们爱我，给予我无法在自己的家里得到的一切。"泰尔图说，她小时候不得不应对她父亲的侵犯，感觉妈妈一直都痛恨她。

"我总是有丰富的想象，让我的祖母很烦。我会编一些游戏，对着镜子自言自语，五岁时就学着读书，喜欢躺在岩石上看着天边的云朵飘动，大声唱歌，对着想象的生物讲话。"莉莉说，她的父母把她送到很远的一个城市里跟祖母一起生活。

"我猜，是我自己无边无际的想象力帮助了我。小时候，当我感觉糟糕的时候，我的想象力会把我带到很远的地方。它让我安静下来，并给我希望。"蒂娜说，她一直饱受父母酗酒的困扰。

读书和写作

很多人的来信提到,写日记、写诗或者写其他一些文字帮助了他们。

"是写作拯救了我。小时候大人不让我讲很多话,我就营造了自己的世界,把自己关到里面。那里的阳光总是那么灿烂,森林里有草莓,海浪温柔地摇晃着小船,我静静地躲在里面。写作对于我来说就是一种出逃、一个出口,整理我的思绪,是我最钟情的爱好。当我的文字发表的时候,我总能感到巨大的喜悦,我做得到!"塔伊娜说,她小时候时常遭受严重的体罚。

维尔比所描述的也许代表了很多芬兰人的感受:"我不喜欢跟任何人谈论我的感受,但是我喜欢自己分析这些感受,并把它们写到日记里。这也许就是我没有迷失的原因吧。"

维尔比在一个充满暴力的家庭里长大,她亲眼看到自己的妈妈试图淹死她的哥哥,还有一次坐在车里,她的妈妈故意开车撞向一辆卡车。她的妈妈有五次自杀未遂,她的继父试图杀死维尔比,而她的祖父试图用枪杀死自己。

"我写了二十多年的日记。在那段时间里,我感觉到自己对文学有强烈的需要。我也读很多书。对我来说,这些应该是最好的治疗了,因为这可以让我专心地跟自己在一起。我这辈子的愿望就是在八十岁的时候出版一本我的自传,因为我的生活经历真的很传奇。"艾丽莎说。

很久以来人们就知道写作有治疗的作用,直到近些年心理学家才开始认真地把它当作一种治疗的方式。一个简单而有效的做法是,请病人写一封不打算寄出的信。如果这个病人因为某人曾经对他做过什么而耿耿于怀,治疗师就有可能请他给那个人写一封信。病人可以选择自己给自己回这封信。这种"自我回应"的做法经常可以帮助人们从角色中抽离出来,去回望过去所发生的一切。当人们可以从他人的角度去审视这一切的时候,对此就更加容易理解了。

许多经历过困扰的童年的人都酷爱读书,有些人喜欢幻想故事,有些则迷恋流行心理学书籍。很多看心理学著作的人说,阅读这些书籍大大地帮助了他们。比如,一位芬兰作家写了一本关于童年的心理学畅销书。他说,遇到"内在小孩"和"相互依存"的学说对于他来说是一个人生就此发生转变的体验:"我如饥似渴地吸收着,仿佛有生以来第一次被别人懂得。我在里面找到了困惑我一生的答案。"

除了书籍,电影和其他形式的文艺作品也都能为人们提供帮助。人们经常喜欢阅读那些自童年时期就了解的话题。这些书提出了很多困扰的问题,触碰了一些敏感点。那些貌似非常隐私的话题,事实上比他们想象得更加常见。这些书让人们能够更好地理解自己和他人,从而变得更加包容。

"读书对我的帮助很大!"一位网名为"碎片"的女人这样说,她说自己从小到大从来没有听到过一句夸赞。当她告诉妈妈,长大以后她想成为什么样的人的时候,她的妈妈回应说:"我觉得你永远都不会做出什么成就。"这个痛苦的记忆也是她童年生活的写照。"我那时会阅读各种各样的书籍,它们给了我莫大的慰藉,教我理解这个世界,让我学会从不同的视角看待一切。这些书也是一面镜子,我总是能够从中看到自己。是书籍帮助了我成长。"

丽达小时候住在一个小房子里,不得不跟父亲睡在一张床上。她的父亲经常在夜里对她进行性骚扰。书籍对她意味着很多:"我读过很多关于儿童教养和心理学的书籍,我也读《圣经》。但是《圣经》没有像其他书籍那样给我帮助,我只觉得压抑。也许是我的理解有误,或是它写得不够清楚。但是弗兰克尔（Viktor Frankl）的《活出生命的意义》(*Men's search for meaning*)（华夏出版社已出版）给了我重要的影响，我的成长就此开启。弗兰克尔凭借着一丝希望都能存活下来，我要是长大以后不能成为一个强大的人，找到属于自己的那个温和而可靠的男人，就是活该。生命中总有无数的巧合，我总是能在需要的时候得到对的书。我开始相信上帝的存在，因为他总是把对的书在对的时间送到我的手上。我至今都深信不疑。"

书籍还能给很多人带来所需要的娱乐，帮助他们忘记烦恼和忧虑。"我一直都是一个贪婪的读者，"莱亚说，她父母的争吵和离婚给她带来了极大的困扰，"我至今都生活在一个由图书构建的世界里，我想忘记那些乏味的现实。有能力忘记一些事情对我来说太重要了。生活里有太多令人烦闷和痛苦的事情了，我想忘记那些事。"

撑过艰难岁月的其他资源

一旦你开始寻找帮助人们撑过艰难岁月的那些"保护因素"，你就会很快写满一份长长的清单——几乎可以无穷尽地罗列下去。至此，我们仅仅提到了他人的帮助、宠物、大自然、想象力、读书和写作，但是这份清单可以一直写下去。很多孩子意识到自己在学校的学习成绩很好时，或者发现自己在某些方面很擅长的时候，比如体育、音乐、手工、游戏、人缘等，就能感受到力量，并帮助到自己。

"业余爱好占据了我的身心，把我从家里的问题中解脱出来。参加运动的时候，我的大脑会得到休息，我的身体也会放松下来。画画的时候，我可以用颜色表达我的感受，由此得到放松。"朱汉尼说道，他的童年是在二战中度过的。

萨丽在来信中写道："我从小到大在学校的表现都很好，这让我从心里有一个很强的信念：我是一个好人。"很多遭遇过恶劣环境的人都仍然取得了成功，他们都有类似这样的信念。

还有很多有过悲惨童年的人说，环境令他们学会坚守自己的立场，从小就懂得为自己负责。有些人为了保护自己，在小小的年纪就搬出去独立生活了。

马尔库也是因为逃离了家庭才得以生存的："我父亲在我小时候一直打我。他最后一次用皮带抽我的时候，是边吃着心脏病的药，一边咒骂着都是因为我他才放弃了自己的理想。那天放学后我就再也没有回家。"

某些性格或者生活态度也对一个人的生存有所帮助。

比如，坚定的意愿、倔强的性格和明确的目标都能给人很多帮助。很多作家说，他们从小就一直想向其他人证明自己是能够做到的，这一点对于他们渡过难关大有帮助。

瑞特瓦是一个在幼年就失去父母的孩子，他的养母经常打他。他相信，是自己的坚持和倔强帮助他走到了今天。宝拉也把自己生存的秘密归功于自己的坚强意愿："我总是知道自己要什么，并能克服重重困难努力达成目标。我的前老板在给我分配新任务的时候曾经说道，'我知道你会坚持不懈，不惜一切代价完成它的'。"

伊利斯小时候曾经尿床，为此经常被人取笑。慢慢地，她发现了一种令她内心强大的应对方式。"他们会把雪放到洗脸池里，让我光着屁股坐在里面，然后告诉我所有的兄弟姐妹来围观我这个'家里的猪'、'尿裤子精'——我有很多的外号。或者，他们有时会把我尿湿的床单展示在什么地方，让整个村子里的人都看看'我们家里养了一头什么猪'。当我被秘书学校录取的时候，我妈妈对我说：'你觉得你能在那里干什么呢？你的那双笨手连打字都不会！'我决定让他们对我刮目相看，后来我在芬兰的打字比赛中赢得了冠军。"

雅各是一位受人尊重的84岁老人，参加过三次战争。

第一章 逆境生存

他结了婚,养育了4个孩子,有10个孙子孙女,还有6个重孙子孙女。他说:"我那时没有房子,也没有任何亲戚,所以政府把我'拍卖'了,我被送到一个赡养费要得最低的人家,学校里每个人都叫我'寄生虫'。所以我决定像个成年人一样拿出勇气,让别人不敢轻视我,证明我是能够自己养活自己的。现在,看看自己所做的一切,感觉太棒了,都可以写一本书了。我一辈子都在努力工作,我现在对自己感到非常满足。"

我确信幽默对于人的生存来说有着非常重要的意义。很多人在他们的来信中讲述了幽默对于他们生存的重要性,但是却并不知道自己是怎么使用幽默的。这是完全可以理解的:黑色幽默是不容易描述的。如果有机会,不妨跟自己的兄弟姐妹一起用一种超然的心态笑谈过往的一些痛苦经历,比如,聊聊那些外人无法理解、只有自己人可以意会的可笑的往事,一定会是一种莫大的解脱。

当人们能够笑看过往的经历,把那些不幸看成是一场悲喜剧而不是一杯独饮的苦酒,就能够从过去的牵绊中解放出来。多少世纪以来,都有人用玩笑面对那些严肃的话题,用黑色幽默化解人生的不幸遭遇。史蒂芬·斯皮尔伯格的电影《辛特勒名单》是关于大屠杀的,其中有一幕就

回弹力

是一群犹太人围成圈站在集中营凄凉的院子里,轮流向他人讲述生活里的笑话。这一幕也许让人费解,但是对于集中营里的人们来说,讲笑话无疑是支撑他们每天活下去的重要手段。

在查找关于危机治疗、灾难心理学和询问疗法的相关文献时,我发现专家们很少把幽默看成是一种值得注意和有效的疗愈手段。然而,街上的流浪汉都知道,在痛苦的情形下,幽默也许是一种最有效的克服绝望的方法了。

塔伊娜提到了她自己的方法,她讲述了如何用幽默帮助自己和孩子应对她丈夫的酗酒和家暴的。

> 我记得我和孩子相守的那些无助并充满担忧的日子。有时候我会跑到房间的镜子前面跳舞,我跳跃着,做出各种滑稽动作,直到筋疲力尽。我还会给孩子们讲各种疯狂的故事,跟他们一起做一些好玩的事儿,这些都是我们让生活得以为继的诀窍。虽然孩子们现在已经长大了,有时候他们还会让我在镜子前面跳舞,我通常都会答应他们——这是我能够奖励孩子和我自己的唯一的欢乐。

我们也不应该低估宗教信仰对于人生存的意义。无数

第一章 逆境生存

在童年遭遇困扰的人都谈到信仰带给他们的力量和信心。事实上,信仰拯救了很多人,为他们提供了可以谈论隐私的值得信任的朋友,而这些事他们一辈子也不可能同任何专家去讲。

在这本书里,我没有太多强调心理治疗对于人们渡过危机的重要性,这并不意味着我不尊重专业救助的有效性。我只是想强调这样一个事实:除了专业治疗,还存在着许多其他可以支持我们的手段,而这些手段都是那些幸存者自己发现的。我引述一位幸存者的话来说明心理治疗在度过危机的过程中所扮演的角色:

> 我在整个童年时期都面临着乱伦的困扰。11岁的时候,我妈妈抓到我和我哥哥的"现行",她叫我妓女,并狠狠地揍了我一顿。我来例假的时候经血一直很多,但是上班以后忽然就停经了。我的压力太大了,不得不去接受心理治疗和荷尔蒙治疗,但是我不敢跟他们讲我的童年。后来我结了婚,因为另一半的不忠和没有孩子,这段婚姻结束了。我被完全撂倒了,封闭了自己,遭受着失眠的折磨。我埋头工作,回到乡下的家里帮忙,直到几年以前我的生活才发生了改变。

我对一位精神科医生讲述了我的创伤经历,他们不再给我开药,我的例假又回来了。与此同时,我跟男人的关系变得好多了,我好像变得更有能量了。在50岁到来的时候,我终于有了属于自己的生活。我至今也不明白为什么我妈妈会觉得我是那个应该被指责的人。不过,现在我跟我妈妈的关系还算好。我的童年教会我要直面困境,也让我学会了不纠结过去。总有能够懂你的人。现在,我有工作和爱,生活很充实,就好像终于走到了有阳光的路上,能够在这个美丽的国家享受美好的时光。我的内心不再充满苦涩,而满是谦卑和感恩。

问卷中关于"是什么帮助你撑过了那些艰难的时光"这一问题显然非常有价值。它让我们看到了我们不曾思索的那些生命资源。有一封信里写道:"这样的问题要是有人早一些对我提出就好了。当我思考答案的时候,我发现自己竟然是那么有力量。"

第二章

学会理解

一个骇人或令人焦虑的体验可以变得不那么骇人或令人焦虑，只需要拉开距离重新审视或理解所发生的一切：看看到底发生了什么，到底是怎么回事。

有一个来自佛教的古老故事：

很久以前，在印度有一位年轻的女子，叫迦沙·乔达弥。她爱上了一位年轻的男子，那位男子也爱上了她。他们结了婚并有了一个可爱的儿子。每天看着儿子长大，日子过得很快乐。可是，儿子在2岁的时候突然得病死了。迦沙的世界轰然倒塌。她是那么悲伤，完全无法接受这个事实。迦沙抱着死去的儿子到处寻访，绝望地向人们寻医问药。最后，她找到了佛陀，请求佛陀救救她的儿子。佛陀看着她，怀着深深的慈悲说："好的，我可以帮助你，但是我需要一小撮芥菜的种子才能做得到。"迦沙闻听此言，连忙表示她愿意不惜一切代价找到这一撮芥菜的种子。然而佛陀又补充道:"可是这些种子必须要来自那些从来没有死过亲人、孩子、配偶或者父母的人家。也就是说,这些种子一定要来自从来没有被死亡光顾过的人家。"

迦沙一家一家地寻访,去收集芥菜种子,但是每一家都回答说:"我们确实有一些芥菜种子可以给你,只是我们家里死去的人比活下来的还要多呢。"每个人都失去了或者父亲、母亲,或者妻子、丈夫,或者儿子、女儿。迦沙走访了很多人家,听到了很多不同的关于死亡的故事。当走访完村子里的每户人家之后,她意识到,在这个世界上没有人能够逃脱死亡,每个人都有悲伤的时刻,她并不孤单。她把悲伤转化为对所有悲伤的人的同情,终于能够哀悼儿子的死亡,埋葬她的儿子了。

20世纪90年代发展出来的危机心理学是心理学领域向前迈出的重要一步。它帮助我们理解人们在创伤性危机发生时的一些反应,以及如何去安抚、鼓励那些幸存者。在突发情形到来时,人们通常并不知道该如何反应,只能依照本能行事。他们的所作所为就是当时能做到的最好选择,只有事情过后,他们才能真正开始梳理整个事件,会对自

第二章 学会理解

己问出这样一些问题：

- 那时到底发生了什么？
- 为什么会发生那样的事？
- 是谁造成的？谁的错？
- 那时候我能做些什么去阻止它的发生吗？
- 人们现在会怎么看我？

人们在事后如何回答这些问题或者类似的问题对于一个人的疗愈或恢复是非常关键的。比如，如果受害者能够理解当时发生了什么，知道这一切都不是他们的错，就能够更好地帮助他们恢复。如果能够让他们意识到，在事发当时他们所采取的做法是他们能够做到的最理性的反应，并让他们相信自己有能力恢复，会更加有助于他们的恢复。

心理急救或疏导是危机心理学不可或缺的一部分。在事发的第一时间——通常是当天或者第二天，就要为受害者提供支持或谈话的机会，处理所发生的事件。

心理疏导可以让危机受害人从事件中抽离出来，远距离地重新审视事情的全貌，有机会看到其他人在类似情形下的反应，更好地理解自己和他人，从而相信自己当时的反应是适当和正常的。还可以帮助他们意识到，以他们所拥有的能力和知识，在那个情形下是不可能阻止事件发生的。总之，疏导的目的在于给受害人以希望——尽管发生了这样的突发事件，假以时日，他们是可以恢复的。

一个骇人或令人焦虑的体验可以变得不那么骇人或令人焦虑，只需要拉开距离重新审视或理解所发生的一切：看看到底发生了什么，到底是怎么回事。比如，一个生在酗酒家庭里的孩子能否好好地长大，似乎更多地取决于他们在成长过程中是否有机会跟其他人宣泄他们的感觉（就像心理疏导一样），而不在于他们的童年遭遇有多么糟糕。任何人，比如家人、亲戚、教母、支持者，甚至是一个有类似家庭背景的孩子，都可以成为他的倾听者。交谈可以帮助孩子从家庭的烦恼中抽离出来，不再自我责备，并学会冷静地看待这些问题，不必过于在意。

"我知道我妈妈是个酒鬼，"里斯托说，"我们经常在家里谈论这件事，因为她会在晚上离开家去酒吧。我记得她常常承诺戒酒但又总是做不到。当然，我感到失望，但是我知道她有酒瘾，有酒瘾的人都是这样的。"

直到最近几年专家们才意识到，对孩子来说，提供机会让他说出自己的艰难处境，或者跟有类似遭遇的孩子见面交流是多么的重要。如今,很多国家都有专门为遭遇战争、乱伦、虐待或者是酗酒家庭的人搭建的各种交流平台,一些遭遇疾病、残疾或者其他各种困扰的家庭成员还有机会参加一些工作坊和训练营,孩子们可以在那里得到一些有帮助的信息,并能够跟有类似家庭境遇的孩子在一起交流感受、获得支持。

专家们知道,来自抑郁症患者家庭的孩子未来患抑郁症的风险会高很多。仔细研究那些家长患抑郁症、孩子最终没有得病的案例会发现,这些孩子都能清楚地意识到"家长所患的疾病不是他们的过错"。正是这些观察使得人们意识到,组织这样的工作坊或训练营,为来自抑郁症家庭的孩子提供清晰的关于抑郁症的信息,让孩子们有机会见到其他有类似烦恼的孩子,说出他们感觉困扰的问题非常有价值。这种做法的结果非常鼓舞人心,目前也被用于处理其他各种心理问题。

一个人的困扰、羞愧和罪恶感能够在他的童年时期得以处理,当然是最理想的。但是如果童年时没有机会,任何时候开始处理也都不晚。

"我爸爸就是一个暴君,"回想起自己的童年,海利说道,"他总是用命令的方式对我们讲话,没有人可以说

'不'。他还时不时地对我妈妈发飙。在那些日子，我只有一个感觉，就是'恐惧'。那是一种极度压抑的感觉。作为一个孩子，我不明白这一切，我不知道发生了什么，为什么会是这样，也很害怕待在家里。我很想帮助我妈妈，但是对父亲的恐惧是如此之大，我感觉自己像吓瘫了一样，什么也做不了。我记得那时候非常想让我的爸爸妈妈离婚，但他们一直都没有离。我和我的兄弟姐妹长大以后，都飞出了这个窝。现在，我开始能够看到过去岁月里的一些美好，开始能够理解我父亲的一些行为，甚至开始意识到他身上也有美好的一面，虽然还是很容易看到他的不好。我永远都不会接受我所看到的那些邪恶的行为，但是我已经学着理解其中的原因和那些行为带来的影响了。"

我们可以学着用很多方式去理解过去。可以阅读，可以倾听专家们的解释，可以自己处理，或者跟其他有类似困扰的人讨论。

蕾拉小时候饱受妈妈喜怒无常的坏脾气的折磨。她完全搞不懂妈妈的情绪：一秒钟以前还是欢天喜地的，下一秒钟就是狂风暴雨。蕾拉从来都不知道妈妈下一秒钟的情绪会是什么样的，她总是煞费苦心地去揣摩妈妈的情绪反应。进入青春期以后，她偶然看到有关"狂躁型抑郁症"

第二章 学会理解

（manic-depressive illness）、现在称之为"双向情感性障碍"（bipolar mood disorder）的文章，她跑到图书馆，借阅了所有能找到的相关书籍，意识到这种行为是怎么回事，终于确认了她妈妈的症状。几年以前，她的妈妈被送进精神病护理中心，大夫诊断为"狂躁型抑郁症"，蕾拉知道自己一直以来的猜测是对的。

近年来，人们发现在互联网上和用一些新媒体方式非常适合跟其他人讨论隐私问题，各种互助对话平台或群体出现了，这让人们有机会跟有类似童年遭遇的人探讨各种问题，交流个人感受。在很多国家都有各种"讨论吧"，聚集了众多来自困扰家庭的人们，他们的父母或者有酗酒问题，或者长期患病，甚至有严重的心理疾病，这些"讨论吧"为他们提供了分享和讨论个人经历的机会，也帮助他们获得理解和相互支持。

莱娜发现，跟他人一起处理个人体验能够帮助自己更好地理解过去。她认真思考自己的童年，意识到：

> 过去的艰难经历可以教会我们很多，而不只是让人受难。我对自己和其他人更加洞达了。现在，我已经原谅了我妈妈过去带给我的伤害，我能更好地理解

她了——她也有难言之苦,做了不得不做的事。说到底,是我用自己的方式经历了童年的磨难。我在成长中充满压抑、灰心丧气和一事无成的感觉。其他人也许会用另外一种方式去应对,展示出他们自己的应对能力。

塔卢父亲酗酒的问题对于孩提时代的塔卢来说是一个巨大的负担。但是后来她也试着有意识地去理解她的父亲:

> 我不知道我父亲现在怎么样了。在他酗酒期间,我们不联系。我依然非常想念他,这让我感到很难过。尽管他对我做了一些不好的事,我还是爱他,这真的很不容易。但是他忍不住,我也没有办法。我花了很长的时间才意识到,我不是他的疗愈者,我只是他的女儿。

当孩子遇到一些无法理解和无能为力的事情时,就会有麻烦。他们也许会尝试跟大人谈一谈,但是如果话题太敏感或者感觉不适合跟他人交谈,孩子就会封闭自己,独自去承受和处理,也许会得出一些有失偏颇的结论。不过,如果他们日后有机会跟其他人进行探讨,这些有失偏颇的

第二章 学会理解

结论也是有可能被纠正的。碧雅是我几年前在精神病医院工作时遇到的一名患者,她一直认为她妈妈在她很小的时候抛弃了她。谈到自己的命运,她的声音里带着苦涩:"我妈妈在我三岁的时候抛弃了我。"我们设法让她妈妈到医院探访她,跟她聊一聊。母女见面的时候,碧雅的妈妈说,她从来没有想过抛弃她。那时候她酗酒很严重,生活一塌糊涂,所能想到的最好的方法就是给碧雅找一个好一点儿的人家。社工们帮助她在另外一个城市给碧雅找到了一个领养家庭。失去女儿令碧雅的妈妈非常难过,但是想到这样对碧雅可能会更好一些,她最终还是顺从了这一安排。谈着过去的事,听妈妈从她的角度叙述这一切,碧雅理解了妈妈,对自己过往的人生有了更切合实际的解读。

玛利亚达在她的信里告诉我,她的父母在她三岁的时候把她送给了她的姨妈。"我的姐姐和我一岁的双胞胎弟弟都能留在家里。我经常在心里想,为什么偏要把我送走?姨妈告诉我,我的家里太穷了,养不起所有的孩子。这个说法根本没道理,无法说服我。长大以后我给父亲写信,请他告诉我真正的理由。他告诉我,真正的理由是他觉得我不是他的孩子。"这个不愉快但是真实的理由比那个善良的谎言更能让玛利亚达接受。

开口跟自己的父母谈论童年时的苦难也许是一件不容易的事。如果做父母的感觉被自己的孩子责备了,哪怕是一点点,就很有可能开始辩解,让谈话难以为继。人们经常跟我说,心理治疗后他们试图跟自己的父母敞开心扉谈一谈他们的童年,但结果往往是"一场灾难"。

如果人们能够设法自行处理或者透过跟他人交流来理解他们的过去,然后再跟父母不带任何评价、只是带着好奇的心态去探讨那段历史,也许会有不错的结果。那样的讨论也许会构建一个更加完整和诚实的画面,理解自己的家庭为什么那时候会是那个样子。

蒂娜说,她跟自己的爸妈有过一次坦率的讨论。蒂娜在一个酗酒的家里长大,小时候经常被邻居和学校里的孩子们笑话。"我跟我的父亲谈到我的过去,很多的事情一下子明朗化了,我不再想自杀的事了。跟爸爸开诚布公地谈过之后,我的噩梦好像一下子就消失了。事实上,那次谈话之后我做过一个梦。梦里的我一点儿都不压抑,还在梦里惊喜地发现了一个我一直都在寻找的台阶。我沿着台阶走上去,向四周望去,一切如常。我感觉很安全,然后离开了。我的噩梦从那一刻起消失了。"

莱拉也尝试过跟她的妈妈谈论她的童年。"通过跟专业

第二章 学会理解

人员的交谈，我学会了应对这一切。奇怪的是，我居然还跟我妈妈做了交谈。虽然我让她意识到了她带给我的痛苦，但她还是停不下来，现在还常常跟一个男人狂饮。"

在完成这本书的过程中，有一次我从维也纳的机场坐出租车去参加一个国际精神分析大会。那个出租车司机来自捷克斯洛伐克，不记得是因为什么，我跟他聊起了我正在写的这本书。他对这个题目非常感兴趣，他说他爸爸过去经常打他的屁股。

"我也是活该被打。"他这样说，但是他说的那件"活该被打"的事根本没法说服我，也说服不了他自己。他说，有一次挨打是因为他去附近的河边钓鱼弄湿了鞋子。他想了一想，又说："我自己无论如何也不会打我的孩子。"

"我也是，打孩子会让我感觉很糟糕。"我附和道。

"那时候打孩子还是挺正常的，"他为他的爸爸辩解道，"时代变了，我爸爸前一段时间还问过我，他过去经常打我，有没有给我带来烦恼。我跟他说，过去大家都是那样养孩子，打孩子挺正常的，现在不一样了。"

在我收到的来信中，很多人说到，经过这些年，他们慢慢理解了自己的父母。他们甚至说，很同情自己的父母。

米娜试图去理解她已故的父亲。她的父亲曾经是个酒鬼,"我父亲是个音乐家。他们一家因为二战不得不背井离乡。所以,他的生活起点很低——至少对我父亲而言很不容易。他是一个敏感的男人,一直没有学会如何从失败中站起来"。

萨拉写道:"我渐渐地理解到,我的父母只是宛若不成熟的孩子,他们不是我想的那样。虽然他们已经人到中年,但是并没有长大。我现在再也不会把他们的问题看成是我的问题了,这真是太棒了!"

利拉有个偏执的妈妈,经常体罚她。她说:"长大以后,我经常为我妈妈感到遗憾,她那么僵化和保守,错过了很多人生的乐趣。她还健在,我经常给她'洗脑',希望她能够放松一些,不再那么狭隘。"

有时候理解自己的父母可以让孩子原谅他们。海蒂不得不面对她父亲的性骚扰,还要听她那个不快乐的母亲对她诉说要自杀的念头。分析她父母的行为,让她原谅了他们:"作为一个年轻人,当我有了'空间'去思考时,我试图理解我的父母。我想到我的母亲,她从小就被自己贪图省心的妈妈送到了她外婆家。她外婆那里虽然是一个很有爱的大家庭,但是没有父母陪伴的童年对于我的母亲来说一定是她一辈子的大心结。我从她越来越少的话语里看到了这一点。我的父亲是个孤儿,他的生身父母在他五岁的时候因为肺炎就去世了,他的教父教母早在他三岁起就开始照料他。我见过父亲的教父教母和他们的女儿,我很喜欢他们,但是我父亲不太喜欢他们。从小失去父母,我父亲关于他妈妈的全部记忆就是卧在床上的那个黑暗的形状。每次喝了酒,他都会悲伤到崩溃。我意识到,我父母的生活里都不曾有过如何做父母的榜样,因此他们根本就不知道怎么做父母……"

重病或者父母的离世经常会帮助你看穿痛苦的背后。

"几年以前,我生了一场重病。"玛利亚写道。玛利亚在童年时一直被她妈妈酗酒的问题所困扰,这是一个令她羞愧难当、无法跟外人启齿的事。"手术前,我想整理一下自己的人生。我原谅了我的妈妈。这种释然影响了我的整个人生。我感觉到了一种莫大的自由,无论生活中再发生什么,我跟生活的关系、跟我妈妈的关系完全改变了。现在我有了活下去的勇气,可以做自己了。"

萨丽父亲的暴脾气让整个家庭笼罩在恐惧中,她在信里写道:"我的父亲不久前离世了。我完全垮掉了,到现在都依然如此。我哀悼他,那种感觉既不是苦涩也没有懊恼。过去的已然过去了,我们无法改变,为什么还要去纠结?

我记得他好的部分,也记得他不好的部分,我接受他所有的一切。人们在谈论'金色的记忆',也许随着岁月的流逝,我的记忆也会开始只留下那些美好的部分吧。"

瑞塔的父亲对她有很多年的性骚扰,她说:"不论童年多么艰难,我已经开始了自己的生活。我决定不让我的童年毁掉我,不让那个老男人控制我。当然,我已经跟他和解了,至少我把发生的一些事情看作是我们之间和解的象征。我跟我的新伴侣在我父亲的祭日来到我们的夏季小屋,我的新伴侣非常温柔和体贴。在夏季小屋里,我平生第一次在花坛里种下了花儿(我的父亲曾经每年夏天都在这里种花),一只白鸽飞了过来,停落在花坛里,它在这个花坛里待了整整一天。那天晚上,坐在门口的台阶上,我们一直看着那只待在花坛里的奇怪白鸽。我把它看作是和平的征兆,所有我和那个男人之间的事都过去了。我也会时常去探访我的母亲,但是我们并不亲密。我知道她做了她能做的。我们都做了自己能做的。那些伤害别人的人,到头来也伤害了自己。"

第三章

幸存者的骄傲

当我们把注意力放在自己的生存能力上，就会开始自我尊重，回顾往事的时候就不再只是懊悔，而会生出更多的骄傲感。

第三章 幸存者的骄傲

一天晚上,我跟一位心理学家朋友在一起喝茶聊天。我们坐在餐桌边上,我女儿那时候三岁,坐在我的腿上。突然,她的小手一挥打翻了我的茶杯,茶杯里滚烫的茶水溅到了她的身上。她吓了一跳,还没等到她哭出声来,我的朋友就抓起她的胳膊,大步流星地冲到了卫生间,把她扔进浴缸打开冷水对着她冲洗。我跟着跑到卫生间,站在门口看到这一幕,惊得下巴都要掉下来了,我女儿已经歇斯底里地大哭起来。我的朋友扭头看到我,跟我说:"好了,交给你了。"我安慰着女儿,帮她换下了湿漉漉的衣服。

很快,我们又回到了餐桌前,谈论起刚才发生的一幕。我的朋友对我女儿赞不绝口:"哇!你真是太聪明了,居然知道抬起手保护你的脸不被热茶烫到。"我女儿看上去一脸的骄傲。然后,我的朋友看了我一眼说:"我打开冷水对着你冲洗，之后你爸爸那么快地就安抚了你的情绪。"我听了以后也不禁沾沾自喜，不过我马上意识到："等等，你才是这里的那个聪明人吧！是你迅速想到用冷水冲洗。"那一刻，我看到我朋友脸上也露出了喜悦之情。但是，我的朋友忽然注意到，他八岁的儿子正坐在餐桌的一角，看上去有一点儿闷闷不乐，他马上转向他的儿子说："……是因为你那么迅速地闪开了，我们才能快速地冲到卫生间啊。"现在，他儿子的脸上也露出了骄傲的神情。

当晚回到家里的时候，我女儿骄傲地告诉她妈妈，当她不小心打翻了茶杯时，她的反应有多么机敏。对于这样一件事，她记住的是自己当时做得有多么好，而不是打翻了茶杯后被直接扔到卫生间浴缸里面冲冷水澡的"惨痛经历"。

每一个震惊的事件都可以形成一段记忆，或者积极，或者消极。如果我们的记忆是跟羞愧、罪恶或者愤怒有关，它们就会变成一种负担。然而，如果这段回忆里充满骄傲，它们就会成为你的资源。

灾难和危机心理学家已经意识到这一事实的意义。比如，银行被抢劫之后，让银行的职员立刻在一起回顾刚刚所发生的一切，给每一个事发在场的员工一些正向的反馈

第三章 幸存者的骄傲

是极为重要的。每个人都应该看到,在那个情景下,他们的现场反应是有意义的,或者至少是可以被理解的正常反应。他们应该意识到,他们每个人的反应都是他们当时能做到的最好反应。

美国焦点解决心理学领域的先驱茵素·金伯格女士说过,治疗师在治疗危机受害者时应该专注于让受害者意识到自己的生存技能。这样做的目的是为了让受害者能够为自己在如此艰难的情形下做出那么合理和有意义的行动而感到骄傲。茵素曾经讲过一个故事,一个客户打来电话,他非常难过和慌张,要求立刻见到她。茵素承诺当天见面,同时在电话里建议他:"请记得做一些准备,见面时告诉我你是如何撑到这一刻的。"客户到来以后,描述了自己前一晚上如何把他太太和一个陌生男人捉奸在床的。

"你当时是怎么反应的?"茵素问。

"我离开了家。"他说。

"你怎么知道离开现场是你能做到的最好决定?"

"我只能这么做。如果我留下来,我就无法克制杀死他们的冲动,也会杀了我自己。"

"你并没有杀他们,你是怎么做到的?离开了房子以后,你做了什么?"

"我在街上转来转去,想着该做些什么。"

"在那个时候你能这么做,真的太明智了。"茵素回应道。

对话就这样继续着。茵素问一些问题,一再地惊叹于来访者能够在那么艰难的情形下做出如此明智的反应。

一个突发事件发生以后,人们经常会批评自己在事发当下的反应。他们也许会审视自己的做法,后悔自己"为什么没有这么说",或者"当时为什么这么笨,没有这么做"。

人们倾向于自我批评,很难看到自己的反应和应对策略的意义和价值。他们经常需要别人帮助他们意识到:就当时的情形而言,他们选择的做法实际上是非常聪明的。

"我真傻,怎么没有早一点儿说出来这件事?"有些一直把心事放在心里很多年的人也许会这么说。这难道不是一种自我批评式的评判吗?谁知道早一些说出来是好事还是坏事呢?我们难道不可以称赞他们很有智慧吗?也许他们一直在等待一个最恰当的时机说出来?也许他们足够聪明,要等到自己准备好的时候再说?

危机干预的核心理念是要让当事人意识到他当时的反应和态度是有意义的,这个做法也适用于帮助他人回顾童年的遭遇。有人说,你需要谨慎地选择心理治疗师,因为

第三章 幸存者的骄傲

早早晚晚你会透过治疗师的眼睛看到你的过去。从某种程度上来讲，还真是这么回事。当我们跟别人讨论我们的过去时，他们的看法和态度总是会对我们产生或多或少的影响。比如，你曾看过一场让你非常感动、感觉非看不可的电影，在跟一个"非常有内涵"的朋友谈论之后，你也许会感觉"这个电影很肤浅，是在刻意给观众洗脑"。确定某位治疗师之前，也许你要问他（她）："跟您述说之后，我将会如何看待我的过去呢？"

最近几年，心理治疗师开始对所谓的"叙事疗法"感兴趣。它把人们的生活经历看作是一些有用的叙述，而不是一些等待分析和解释的事实。按照叙事治疗的方法，治疗不是要找到来访者的生活中"真正"发生了什么、它的原因是什么、影响是什么，而是一种讨论，即治疗师和来访者一起为来访者的生命故事寻找一种叙述方式。叙事疗法提倡的是在没有歪曲事实的前提下的自我尊重，令来访者重燃希望。叙事治疗的引导方法是令人慰藉的和积极的——这种做法的出现不仅源于很多心理治疗师所采用的另类方法，也有来自哲学家、文学理论家以及语言学家的努力。

德克萨斯的治疗师琳达·麦采夫在互联网上的论坛里描述了她是如何使用叙事治疗帮助来访者用更积极的眼光

审视自己的过去的。

  黛比14岁时就离开家成为一名脱衣舞者,从此自己独立生活。她父母没有通过任何方式阻止她。相反,他们连个招呼都不打就搬走了,黛比很多年都不知道他们去了哪里。她16岁时结了婚,丈夫曾经常光顾酒吧跟她跳舞。五年过去了,她还在婚姻中,有个两岁的女儿。她找到治疗师寻求帮助,因为她对自己的过去感到内疚,希望得到"更多"。

  她告诉琳达,她在八年级的时候就辍学了。几次约谈之后,琳达看着她,说:"你知道吗,我很欣赏你。你让我看到了一个女人,她比普通21岁的女孩想要得到更多东西……你是一个了不起的妈妈。16岁的时候,为了自己的生存你做了自己能做的。当你回顾往事的时候,关于'自己是谁'你有了不一样的想法,而且你已经开始按照新的信念生活好几周了。你能告诉我吗,如果有一天你的生活不一样了,你身边的人看到你身上最明显的改变会是什么?"

  "他们会看到我在做职业规划。我会骄傲地抬起头而不是蜷缩着身子,我女儿能够看到我在做一个体面

第三章 幸存者的骄傲

的工作,她会告诉她的朋友们。"当黛比告诉琳达这些的时候,不自觉地直起了身子,把女儿温柔地搂在怀里。她们又花几分钟谈了谈那些令她挺直腰板的信念,然后又聊了聊她现在能做些什么,可以令她女儿有一天能够告诉她的朋友们。

两周以后,她真的报名参加了成人教育的课程,她的婚姻状态也改变了。在接下来的约谈中她告诉琳达,这是她生平第一次能够用尊重的态度来看待自己。她的脸上放着光,像一个被金光照耀着的孩子。

琳达帮助黛比用不一样的眼光看到了自己的过去,为自己的生存感到自豪。这样的谈话使得她能够把视线从过去转向未来。

我们的周遭世界对于我们如何看待自己过往的经历有着强烈的影响。比如,受到政治迫害和折磨的人可能会觉得自己的生活完全被毁了,而另外一些人却把他们当作英雄来看,这一切完全取决于他们认为别人会怎么看待他们。

前南斯拉夫曾经有大量的穆斯林妇女被残忍地强暴,而在这些悲剧中更为残酷的是,在穆斯林文化里,这些被强奸过的女人被看作是不纯洁的,没有男人会愿意娶她们。

她们如果想生存下来就必须掩盖曾经被强暴的事实。

处理性虐待的儿童案件也需要谨慎小心。当案件被曝光时，必须适时介入进行心理治疗。对这类案件不同的处理方式，会造成完全不一样的后果。倘若处理不当，治疗本身就会增加孩子对过往经历的质疑，会给孩子带来更深的伤害，让孩子因为这样的经历而毁掉一生。

在这方面，瑞典的儿童心理学家拉尔斯·文斯特姆 (Lars Westerstrom) 和社会学家保拉·海利斯坦 (Paula Heliestrand) 开创了用家庭治疗处理乱伦事件的做法。他们更加看重遭遇不幸或困扰（比如性虐待）的孩子的应对能力，鼓励专家们多留意和关注孩子们自己发现的生存技能。当孩子们意识到自己的能力被看重，就会开始自我尊重，并为自己能够战胜这一切而感到骄傲，而不仅仅把自己当成个受害者。

我们的过去是一个故事，可以用不同的方式去叙述。当我们把注意力放在自己的生存能力上，就会开始自我尊重，回顾往事的时候就不再只是懊悔，而会生出更多的自豪感。

第四章

拥有快乐童年,永远不嫌晚

一个人的困扰、羞愧和罪恶感能够在他的童年时期得以处理,当然是最理想的。

但是如果童年时没有机会,任何时候开始处理也都不晚。

第四章 拥有快乐童年,永远不嫌晚

如果你有个不快乐的童年,就应该更加努力地让自己活出一个快乐的成年。

佩特里没有见过父亲,他总觉得自己的人生缺点儿什么。他觉得自己永远都不会成为一个好父亲,因为他从来没有体会过父子情深。跟自己深爱的女人结婚以后,他坚决反对养孩子,虽然他的妻子非常想要孩子,但是他害怕自己不能成为一个好父亲。

最后,佩特里跟他的朋友萨米做了交谈。萨米也从来都没有见过父亲,但是他说他的生命里有过很多像父亲一样的人,比如一位体育教练——他妈妈曾经的男朋友——一位学校老师和许多其他像父亲一样的朋友。

萨米的这番话给了佩特里很大的安慰。他开始回想那些给他的生命带来影响、值得他学习的男人。他意识到,他也有很多榜样,即使那些人不足以代替父亲的角色,但是也值得效仿。渐渐地,佩特里开始相信,父亲的缺失并不像他想象的那么严重,于是,他不再坚持不要孩子了。一年以后,当他妻子生下第一个孩子的时候,做一个父亲对于佩特里已经不再是问题了。

著名儿童心理学家迈克·如特(Michael Rutter)和他的研究团队研究了大约100名女孩。这100名女孩生长在伦敦的儿童之家,有着不同的出身背景。这些研究人员想知道,为什么很多女孩成年时的情形比预期的要好,她们是怎么活下来的。研究人员得出结论:孩提时代或后来生活中的正向体验可以保护她们不受负面经历的影响。从对那些人到中年的女性的访谈中得知,有很多因素保护了她们:在校期间的正向体验,有一个好丈夫,或者良好的亲子关系。

"在后来的生活中,你是如何设法弥补自己曾经被剥夺的一些童年体验的?"对于这样一个问题,人们提到了不同的方式。然而,一个压倒性的答案是:可以在养育孩子的过程中补偿自己童年的缺失。

孩子和配偶

"我们总是可以在成年人的生活里创造一些孩子般的时

刻来继续体验童年的感觉。"黛安娜在互联网上的互动吧里写道,"我们要珍惜跟孩子连接的那些时刻,进入孩子的世界。跟5岁的孩子坐在地板上玩卡片,听3岁的孩子分享他初次闻到花香的喜悦,和刚刚学会骑两轮自行车的6岁孩子一起欢呼。与孩子一起快乐地玩耍。延长你的童年时光,享受快乐童年,永远不嫌晚。"

艾瑙在10岁的时候失去了父母和她的兄弟姐妹,她说:"我现在是三个孩子的妈妈,他们很快要长大成人了。我现在每天都非常感恩,感谢我的孩子们,感谢跟他们在一起的时光。生命中曾经失去的,现在我又拥有了。"

"是女儿帮助我走了出来,"芮达说,"她每天都能教给我一些新东西。我学着跟她在一起享受点滴小事。她让我看到了世界的美好。"很多女人还会把这一切归功于她们的丈夫,感谢丈夫帮助她们享受成年人的生活,尽管她们在童年经历了那么多的不幸。与有一个整日泡在酒精里、有暴力倾向的父亲相比,找到一个温柔的老公对她们来说像是找到了金矿。

"我丈夫总是给我意想不到的礼物,"米娜有个既酗酒又暴力的父亲,她提起自己的丈夫说道,"他给了我满满的爱,还给了我一个安稳而祥和的家,教会我用建设性的方式提出批评。我的丈夫是上天给我的最好礼物，还有我的孩子、我的房子和我的朋友。"

汉娜在单亲家庭长大，她妈妈从来没有给过她安定的童年。她说丈夫的温柔体贴弥补了她童年的缺失。"成年以后，我一直在寻找童年时缺失的安全感和温暖感。八年以前，我找到了我的先生，他的稳重给了我安全感。我想说，拥有一个完整温暖的家对于我而言就像是一件奢侈品。"

杜娅小时候被生父性侵很多年，她也很感谢她的丈夫帮助她走出阴影。"我11岁时就来例假了，我的乳房太过丰满，无论在家里还是在学校，都会遭到别人的耻笑。我对自己的身体特别是乳房，感到羞愧。也许这就是为什么我会特别感激我现在的丈夫。他告诉我，他很骄傲能够跟一个有着傲人大胸的女人一起在街上走过。我已经四十多岁了，我想自豪地宣称，我很享受性。太棒了！"

身边的其他人

不仅孩子和配偶是生活中带给我们积极体验的重要资源，身边的其他人也常常会带给我们一些孩提时代缺失的东西。

卡迪的妈妈是一个思想比较狭隘的女人。提到她的婆婆,卡迪说:"她对我来说就像是妈妈,但是跟我的妈妈完全不一样。她有点儿虚荣,但很有气质,喜欢跳舞、化妆、跟男人调情,虽然她都69岁了。"

丽萨跟她妈妈的关系充满敌意。她批评自己的妈妈,却对婆婆大加称赞:"我一直在琢磨自己哪里出了问题,因为我妈妈从来不会说我半句好话。我身边的很多人都跟自己的妈妈有很亲密的关系,我丈夫跟他妈妈的关系也很好。我感觉自己很幸运,能够遇到这么一位好婆婆。我姨妈是我的教母,对于我来说,她更像是我的妈妈。"

"我生活里发生的最好的事情就是我父母的离异和我自己找到了一位男朋友,并且认识了他的家人。"萨娜是一位学生,她自己的父母一直争吵不休。她在来信中写道:"我从来没有遇到像我男友那样的家庭,一切都很正常,不像我们家那么病态,整天吵吵闹闹的。他的爸妈也有争吵,但不会是醉酒后那种发疯似的打架,我不用担心他们拳脚相加,也不用给警察打电话带走什么人。我太渴望这种正常的家庭生活了。他们欢迎我成为家庭的一员,让我感觉真正回了家,就像是找到了新的爸爸妈妈和兄弟姐妹。"

这些来信让我确信,即使你在人生的最初阶段不是那么尽如人意,你还是可以"赢得这场游戏"的。有人说

"人生的幸福总量是固定的",不快乐的过去也许可以令你更有理由期待快乐的未来。有些人需要等待最终的时机,让自己的梦想成真。

萨莉已经人到中年,终于能够享受她在童年时无法想象的那些小事儿了。她写道:"爱,温暖,欣赏,谈话,一个安心的充满爱的大房子……"

希尔卡感觉自己在童年时期既不被家人喜爱,也不被朋友接纳。她写道:"也许潜意识告诉我要选择一个受人尊敬的职业。24岁的时候,我拿到了公交司机的驾照,那时候这是很难的一件事。工作给了我信心,我觉得自己很适合这份工作。我总是能够从我的老板那里得到肯定和认可,更开心的是,我还经常收到客户的表扬,他们有时候甚至会送我礼物。"

西尔帕在童年时很缺少疼爱,但是她现在学会了如何得到她所希望的呵护:"当我感觉低落的时候,总是会努力寻找呵护。我会让我的丈夫和孩子给我温柔的拥抱,这些拥抱赋予我力量。"

瑞特娃没有父亲,所以结交了很多年长的男性朋友。"因为我没有父亲,所以我现在会刻意寻找年长的男人做朋友。我在工作中结交了很多男性朋友,我会找工作以外的时间跟他们相处，比如，我已经跟他们一起走路健身很多年了。"

瑞达对小时候不愉快的记忆之一是跟家里来的男性旅客有关，这些人经常要在瑞达的家里过夜。有时她不得不把自己的床腾出来，睡到家里其他什么地方。"小时候我一直有个愿望，想要拥有完全属于自己的空间。"她说，"我梦想有一个自己的房子，里面一个男人都没有。现在我的梦想成真了，我终于可以独自住在一个没有男人的房子里了。哦，这难道不是幸福的人生吗？"

维尔成长在一个酗酒暴力的家庭里。她的很多愿望都没有实现，虽然她一直安慰自己说，永远不晚。"作为一个小孩子，我想吃巧克力蛋糕，上绘画班，吃水果，跟朋友待在学校里。后来我上了高中、商学院、技术学校，参加成人教育，也上了绘画班和雕塑班。现在，我在自己家里可以吃到很多的水果，和我女儿一起享用。"

神 童

家有神童的家长经常会提到他们感受到的来自周围的压力，人们会指责他们让孩子在那些爱好上花费了太多的时间，剥夺了孩子的童年。那些用心良苦的人们显然认为，如果孩子们花费太多的时间练琴或者看星星,就会失去重要的童年体验,未来有一天就会后悔不迭。如果您是一位家有神童的家长,有这样的担忧是很正常的。

事实上,那些每天花费很多时间练琴或者学编程的孩子确实会失去跟小伙伴玩耍的时间。但是,他们的成长体验真的会由此而受损吗?

传统的看法是,如果这些神童不能跟他们的小伙伴有积极的互动,他们就会变得孤僻、不合群。然而,多年的观察和研究表明,没有什么证据显示他们的社交能力低于其他孩子。情况刚好相反,大多数的神童都会非常成功,无论在学校还是在后来的生活中,他们展示出的社交能力均高于平均值。

但是,"失去"童年是不是完全无害的呢?这要看你问谁。很多神童长大以后都会说,没有什么能够妨碍他们长大以后去享受其他孩子小时候的那些体验。比如,有人问起沙莉·费尔德是否因为过早地开始事业而失去了正常的童年生活,她回答道:"是的,我错过了很多,但是我刚刚做了一个决定,如果我曾经错过了什么,现在就去补上。"

在互联网的互动吧里,伊尔卡提到他像小孩子一样的爱好:"我一直都在收集泰迪熊,买了很多,大概有 200 个左右。每个泰迪熊都有自己的名字和故事，我经常会跟它们面对面地讲话。它们有自己的世界，也是真实的。我是说，我知道我这个样子确实有一点儿奇怪，但是我还是能分辨出这是两个不同的世界。"

发展心理学

在很长的一段时间里，儿童发展的精神分析观念主导了发展心理学领域。按照这一理论，儿童心理发展会经历一系列预设的阶段，最后发展到成熟的成年期。共生期、个体分离期、恋母情结和肛门期就是这一理论下的一系列阶段的几个例子，如果一个人想要获得健康完整的人格，就必须按照顺序好好地完成这些阶段的发展。精神分析理论的核心是相信心理问题的产生是因为这个人的人格发展在某个时期失调了。

近年来，这种人类心理发展的确定性模型已经受到心理学领域内部和外部的强烈批评。人们不再相信这种简单的人格发展理论，因为这种理论把孩子看作非常脆弱的生命存在，好像孩子的妈妈一不小心，爱得太多或者太少，就会给孩子造成不可避免的伤害。

如今，人们越来越相信，孩子的成长跟整个生态环境相关，受整个人际网络的影响，不仅妈妈，孩子身边的其他人，比如孩子的祖父母、各种像父亲一样的人物、兄弟姐妹、邻居、保姆、朋友、老师，也都扮演着重要的角色。跟传统的看法不同，孩子的成长并不是一定要按顺序经过那些预设的阶段。已经有越来越明显的证据证明，发展心理学所绘制的人类发展各阶段的路径图并不代表事实。孩子并不会按照任何固定模式来成长。不同的孩子会按照不同的顺序来学习新东西，学习期的推迟并不像我们一直认定的那么可怕。孩子是有能力在他们生命的后期获得从前错过的那些经验的。

人类不是预先编好程序的机器，不是一定要按照某种方式、以某种特别的顺序运作才能不出差错。相反，人类是一种非常有弹性又善于不停地调适和发展的生物，只要他的大脑足够强大，就能够持续地学习新东西，达成自己的目标。

我在互联网上认识的一个朋友，心理学家琳达·麦采夫，她也相信，获得和享受我们应该在童年时得到的那些体验，永远都不晚。她写道："我不认为错过快乐的童年，就会永远失去了。我也不认为我们会失去孩童一样看世界的眼睛。事实上，当我们拒绝好奇心、拒绝对成长和学习

第四章 拥有快乐童年,永远不嫌晚

的渴望时,我们的过去就变成了我们的烦恼。这样,我们就有借口把自己带进充满烦恼的生活,跟自己说'这就是为什么我做不到……',也许让生活更加充实的关键不在于寻找减压的诀窍,不在于寻找快乐和平和,而在于把我们自己放进一个鼓励我们像孩子一样欢乐的环境里。"

有一个故事讲的是一个男人很年轻的时候就死去了。他来到了天堂的门口,见到了看门的彼得,大声地抗议,为什么让他这么早就离开人间。彼得查了一下,发现这个人说得有道理,他还不应该死去。所以彼得就允许他再活一段时间。这个男人要求对他的痛苦和遭遇做些补偿,彼得很慈悲地为他指定了一个天使监护人,保护他未来的人生。

这个男人心满意足地回到了人间。他知道他的保护天使就在他的左右护佑着他,所以活得随心所欲。

有一次,他住在一个酒店,里面着火了,但是他一点都不慌,感觉很安全,稳稳地坐在窗户边上看着消防队员救火。有一辆消防车开过来,把梯子架到他待的窗户下面,一个看上去很友善的消防队员站在梯子上对他说:"快过来吧,踩到梯子上,情况很严重。"这个男人满不在乎地说:"不用管我,先去救别人吧。"这个消防队员不能在一个窗户前面久留,耸耸肩膀就去救在其他窗户前向他招手的人了。

过了一会儿,消防队员又返身回来救他,用命令但友善的口气对他说:"快过来,踩到梯子上,房子马上就要倒了。"这个男人想到他的保护天使,还是重复道:"不用担心我,先去救别人再来救我吧。"

那个消防队员还没有来得及第三次返回来救助这个男人,房子就倒了,这个男人死了。他又一次来到天堂的门口,这一次他比上次还要生气,对着彼得大喊道:"这到底是怎么回事?你答应让天使保护我的,我被困在火里的时候,他跑到哪里去了?"

彼得认真地查看了一下他的文档,用慈悲的语气告诉他:"按照我们掌握的材料,你的天使已经去救你两次了,是你拒绝了他的帮助。"

第五章

成长的契机

我见到过这个世界最黑暗的一面,这些经历让我愈加强大。我比那些只经历过快乐的人更懂得生活。

第五章 成长的契机

帮助我们克服逆境的一个方法是要能看到那些痛苦和挫折给我们生活带来的积极意义。

"我不再为我的童年感到痛苦了。相反,我觉得我的童年教会了我很多,因为我居然能够用那么少的钱去应对那样的生活。"安吉亚说,她的爸爸是个有暴力倾向的酒鬼。

当我们能够看到我们所遭受的一切不幸不是完全无用的,从某种意义上也令我们或者其他人获益的时候,疾病、死亡、损失、犯罪和其他事故造成的痛苦就被部分地减轻了。比如,有些事故的受害者会发现,当想到自己的受苦能够帮助其他人在未来免受类似的痛苦时,就会感觉稍许安慰。

当然,能够令他人免受同样的痛苦并不能让这个苦难变得理所当然或者命该如此,也不等于可以让加害人逍遥法外。我们说，车祸教会我们珍惜生命，但是我们依然要追究那个酒后驾车引发车祸的肇事者的责任。骨头折了之后进行疗愈也许比从前还要结实，但是我们不能用敲断骨头的方式来强化骨骼，同理，也不能赦免那些加害者。

瑞达的爸妈都是酒鬼，她强调说："虽然我在童年时学到很多，但是我并不会为此感谢我的父母。我不认为我应该有一个这么糟糕的童年，没有人应该有这样的童年。"

我的第二个问题是"你从不幸的童年中学到了什么"。这是一个不容易回答的问题，因为我们不能确定我们的性格——无论是好是坏——是否源于我们的童年。然而，我们有权利去推测和假定我们的性格是从哪里来的。

很多人在信中把自己性格中积极的品质归于他们不寻常的童年。比如，他们觉得自己的乐观、坚持、愉悦，作为成年人能够享受生活中点滴小事的能力，以及非比寻常的善解人意的特质，都是源自他们童年的经历。

娅娜是这样看的：

> 我一直试着从我自身的经历中学习，并帮助其他人。我无意吹捧自己，但是人们都说我有能力让别人说出自己的痛苦，能够感受别人的情绪。他们说，我是一个非常有同理心的人。也许我真的是这样的人。

第五章 成长的契机

艾丽娜在童年时深受父亲酗酒和母亲因抑郁几次自杀未遂所累。她也把自己归结为是善解人意的人:

> 也许是我的童年让我有了第六感。我的意思是,当人们不经意或轻描淡写地流露出他们生活中的一些改变或者什么迹象时,我也许是在场唯一一个能够领悟他们内心的那个人。也许我有倾听的能力,善于观察他人,并鼓励他们说出他们内心想说的话。

玛芮已经74岁了,也在思考她在生活中获得了什么、失去了什么。她很小的时候就失去了父亲,家境极度贫困。还因为浑身起疹子,遭到其他孩子的耻笑,被同学们起外号。她说:

> 那痛苦的30年教会我做一个谦卑的人,让我懂得同情和理解他人的痛苦。所以,当遇到残疾或有心理疾病的人时,我从来不会觉得自己比他们强。我总是觉得我是他们当中的一分子。倘若我有一个所谓正常的童年,也许就不会有今天这样的感受。

美国的家庭治疗师科尔·曼登尼斯 (Cole Madanes) 发展出了一套家庭治疗的流程,专门处理性侵事件。在这个流程里，性侵者需要对自己的行为负起责任，比如，当着全家人的面向受害人道歉，而治疗师会在私下里单独约见受害人。

在跟受害者的约谈过程中，治疗师会鼓励受害人说出性侵的事实，说出他们的感受、恐惧和痛苦。治疗师用同理心面对受害人，同时告诉他/她，人们在经历了一些不好的事情以后，通常会发展出对他人的同情心，这是一种能力，能够让人们在更高的精神层面得以提升，令他们更好地理解他人的苦难。

苦难有时候能完善一个人。

"56岁的时候我才第一次感觉自己从过去完全走出来了，那是充满饥饿、鞭打、乱伦、被羞辱和嘲笑的过去。"丽萨写道，她有两个孩子，25岁时信主改变了她的人生。"现在，我能够帮助到其他人。我非常感谢一路走来在世界各地遇到的所有人。"

"我为自己经历过艰难的童年和青少年时期感到骄傲。"列娜说道，她的叔叔在她还不到10岁时性侵过她，那时候她还要照顾自己有残疾的弟弟。"我见到过这个世界最黑暗的一面，这些经历让我愈加强大。我比那些只经历过快乐的人更懂得生活。"

第五章 成长的契机

玛利亚说自己是私生子。因为她的继父总是设法占她的便宜，跟她讲下流话，企图占有她，15岁时她就搬出了家。跟心理健康机构的护士谈过之后，她说："我现在知道，这一切都是他的问题，不是我的错。"在回复"不幸的童年教会了你什么"这一问题时，她说："它教会我好好照看我自己的孩子。我一定会好好照看他们。我还要教给他们生活的能力，学会承担责任。我正在参与一个儿童福利和动物保护机构的工作，我想给那些没有能力照顾自己的孩子和小动物最好的帮助。"

佩恩是美国纽约的一位社会工作者，很多年来一直在帮助那些受虐待的妻子和她们的丈夫。她注意到，那些虐待妻子的男人总是声称自己有一个不堪的童年，经常被虐打。佩恩认为，他们的过去可以帮助我们理解为什么他们会变得如此暴力，但并不等于他们的行为可以被原谅。没有人可以因为自己曾经受过伤害就为自己的暴力行为开脱。佩恩说，她通常会很有礼貌地倾听那些男人讲述自己童年的故事，然后问他们："您经历了这么艰难的童年，我想知道，您觉得这样的童年令您变得更强大了，还是更软弱了呢？您自己觉得呢？"通常这些男人们会停下来想一想，然后回答道："强大。"

在暴力家庭里长大的孩子并不一定在成年后就会有暴力倾向。所有的故事都有它的两面性：虽然这些孩子在家里得到的是负面榜样，只看到用暴力解决问题，但是因为他们有被殴打虐待的感受，所以他们更理解为什么要停止暴力行为。

作为孩子，奥丽经常目睹她爸爸酒后发疯痛打母亲的惨状，她爸爸甚至会在深更半夜把他们一家人赶到冰天雪地的街上。"虽然我的家庭充满暴力，却并没有留给我什么心理创伤，我也没有成为一名少年犯。相反，我的童年让我学会了用不一样的方式去对待生活。现在，我有丈夫，还有一个6个月大的宝宝。我丈夫也有类似的家庭背景，所以我们达成共识，对家庭中的暴力行为零容忍。也许我们偶尔会有情绪上的冷暴力，但是肯定不会动手伤害彼此……"

我们到底该怎样去看待孩子的问题

我们经常会用孩子在童年时的经历来解释孩子身上的问题。比如，有一个叫米卡的小男孩在幼儿园打人，人们可能就想听到"他来自破碎的家庭"这样的解释。可是，凡事都有两面性。这样的解释可以让你不再困惑、帮你解

第五章 成长的契机

除无力感,却并不能帮你找到帮助米卡的有效方法。理解了米卡的行为根源后,可能会降低对米卡的期待。如果我们认定某些孩子就是比其他孩子"问题"多,那么就很难对他们有像对其他孩子一样的期待。我记得有一个家庭治疗师鼓励一位母亲为她的儿子设定界限。这位妈妈在内心对她的儿子就有我前面说的那种态度。她的原话是:"但是,他就是这样的孩子,他不会听的啊。"

用童年经历来解释孩子的不当行为还会影响孩子的心态和看待自己的眼光。你虽然用心良苦,企图善意地理解孩子的状况,但却有可能让孩子把自己看作一个有心理问题的人或没有希望的人,认定这样的经历会使得自己不再有成功的机会了。

做学生的时候,我记得有一次在治疗小组会议上讨论一个名叫马尔库的年轻人的问题。一位资深的指导师带领我们讨论,我们的讨论一直关注马尔库的攻击性行为方面。专家们用非常复杂的心理学术语解释了他的行为,认为他的行为源于他对于被抛弃的恐惧,因为他之前有过多次这样的经历,在过去的这些年里,他5次被寄养家庭送回到机构。

事实上,专家们的理论是无懈可击的,也能把马尔库的行为解释得很清楚。但是，这样的解释对改善马尔库的情况会有帮助吗？作为学生，我那时不敢开口，只是在心里默默地问自己这个问题。难道不能有人告诉马尔库，他有多么幸运吗？他曾经被这么多的家庭祝福过，曾经遇到这么多关心他的人，试图帮助他成长为一个有能力的成年人呀。我在心里思量着这样的念头，不知道如果有人能跟马尔库这么说，会发生什么呢？"我只有一个妈妈和一个爸爸，你却有这么多的妈妈爸爸。他们每个人一定都教给你了什么有价值的东西，给了你一些可以在未来用得上的能力。"

我能够理解马尔库在生活中一直都很不容易，但是我不明白为什么他的生活经历在这些专家的谈论中全都是负面的。马尔库是一个被抛弃了几次、让人烦恼的人吗？他的行为是源于他的恐惧吗？或者他是一个滚刀肉一般的流浪汉，还是一个需要学习自我控制的年轻人？我们到底该怎么去看待马尔库以及和他一样的年轻人，这真的非常重要。

一位网名为"野玫瑰"的女士在一家儿童福利机构工作，帮助那些有问题的家庭。她自己经历过艰难的童年，目前很享受这份重要而有成效的工作。她帮助了很多像她当初一样受苦的孩子。她写道："我从自己的工作经历中学习到,无论问题多么严重,孩子们总是有机会去改变的,无论在什么年龄,哪怕是已经成年。这种信念引导着我的工作——一个孩子也不能放弃。"

给自己时间去沉淀苦难

随着时间的推移,你会有能力慢慢看到苦难带给你的另一面,也就是积极的影响。举例来说,如果你的配偶有一天突然告诉你,他/她想跟你离婚,在这个突如其来的打击之下,要立刻看到离婚之后的积极影响恐怕不太容易。如果这时一个朋友安慰你说"想开一点儿,看到积极的部分吧",你可能立刻就要跟他分道扬镳了。

然而,随着时间的推移,你看事情的角度也许就会改变。所有的事情,即使是悲剧,也都会有正负两方面的后果。多年以后,那些潜在的正向效果也许就会越来越凸显出来。失去孩子的家长的悲伤如此之深,但是即使不幸如他们,多年以后他们也可能会说,悲剧改变了他们的价值观,给他们的生活和精神世界带来了一些有价值的东西。

若要思考如何从苦难中获益,我们就要去看向未来,问一问这些苦难能否教给我们一些东西,让我们有一天将其传给我们的孩子。有时候,我们必须问问自己:"如果有一天我能够把这个故事讲给我的孙子孙女听,他们会从中学到什么呢?"

花时间去倾听那些古稀老人带着感恩之心回顾过往的心酸故事是非常值得的,虽然在他们的生命中有很多的悲伤。玛丽达的苦难故事就诠释了这一点。70岁的时候,她感觉自己这一生还是很不错的,尽管经历了很多的苦难。她从事过三种要求很高的职业,并为承担这些工作接受过专门的教育。每种职业都做过十年以上,在过往的30年里,她还做了很多志愿者的工作,帮助了一些需要帮助的人。

玛丽达的母亲死于难产。她有几个兄弟姐妹,她的父亲不得不雇用保姆来照顾他们,而这个保姆还有个养子。玛丽达的父亲在她母亲去世不到一年就跟这位保姆结了婚。可是,保姆的养子很暴力,好几次用刀子攻击玛丽达的父亲。玛丽达刚满4岁的时候,爸爸就死了,由她的继母来照看她。而这个时候她的继母变成了一个有暴力倾向的酒鬼,经常威胁要杀死玛丽达。玛丽达非常不快乐,7岁的时候就想自杀。她经常一个人独自哭泣,感觉自己是这个世界上最招人烦也最不招人待见的孩子。几年后,她绝望地逃离了继母盘踞的那个家。没想到的是,她被一个富有并受人尊重的人家收养了,这一切像是一场梦。

然而,新的生活并不总是那么幸福。玛丽达 11 岁的时候,养父生意场上的一个熟人在开车载她回家的路上,把车开到一个树林子里奸污了她。虽然这个人威胁玛丽达不要告诉任何人,不然会有坏事发生到她的头上,她还是告诉了她的养父母。她的养父母为此整出了很大的动静,玛丽达猜想他们肯定是相信了她的话,因为她后来再也没有在家里看到过那个男人。17 岁的时候,玛丽达找到了心仪的男朋友,订了婚,并很快结婚,有了一个儿子。但是这个男人在她 27 岁的时候死于车祸,这段婚姻就这么结束了。后来她还经历了很多其他的事,她在信的结尾写道:"我一直是一个乐观而执着的人,我爱笑,喜欢跟人在一起……作为一个年轻的女孩子,我意识到,我们不能期待从别人那里得到他自己不曾拥有的东西……"

也许所有的回忆最终都会变成金色的回忆。当我们足够年老、足够智慧的时候,会带着感恩的心回忆起我们一生的所有往事,包括苦难。也许,我们也会像迪娜那样感慨万千,她是一个有着暴力倾向的酒鬼的女儿:"我的一生确实充满艰难坎坷。它让我相信这样的说法:'那些没有毁灭你的,必令你强大。'"

我刚刚做了一个决定，
如果我曾经错过了什么，现在就去补上！

第六章

正向思维

为了学会正向思考，我们需要具备一种能力，一种用不一样的视角看待事情的能力。

我们必须要从不同的视角去看待事情，找到其中有用或者有帮助的部分。

第六章 正向思维

中国有一个传说,讲的是一个身无分文的农夫,只有一小块土地、一个儿子和一匹马。一天,他的马跑到山里不见了。村民们过来看他,说道:"可怜的人啊!你可真不幸,居然丢了马!"

这个男人摇摇头说道:"不要这样说,很难说这是好运还是厄运。"

过了一段时间,他的马回来了,还带回了一群健壮的野马。村民们看见这些马,羡慕地说:"哎呀,你可真走运,得到这么多这么棒的马!"

这个男人又摇了摇头说:"不要这么说,没有人知道这是好运还是厄运。"

男人的儿子开始驯马。一天,他被马从马背上甩了下来,摔断了腿,不得不躺在床上养病。

村民们过来看望他,说道:"可怜的人啊,你可真不幸。你的儿子受了伤没法帮你干活了。"

男人又摇了摇头,说道:"不要这么说,谁也不知道这是好事还是坏事。"

不久,国家发生了战争,所有的年轻男子都被征兵去了战场。这个男人的儿子因为还无法走路,是村子里唯一不用去征战的年轻人。

还有一个故事,是讲关于两个鞋贩子到非洲寻找卖鞋商机的。一个人回到家里,说:"这趟旅行一点儿用都没有,那里的人根本就不穿鞋。"几天之后,另外一个人也回来了。他兴奋地告诉每一个人:"那里没人穿鞋,鞋子的市场潜力太大了!"

为了学会正向思考,我们需要具备一种能力,一种用不一样的视角看待事情的能力。我们必须要从不同的视角去看待事情,找到其中有用或者有帮助的部分。

在回顾往事的时候,我们头脑中对于这些事情的想法直接影响到我们对它们的感受。在当今的社会心理学里,这种"事后之见"被广泛地研究。研究人员给它起了一个名称叫作"反事实思维"。简单地说,它是指生活中常见的一种心理现象,就是思维活动针对的不是已发生的事实,

第六章 正向思维

而是去想象与事实相反的另一种可能性。

这些存在于每个人生活中的"假如"都是很自然地出现的。比如,当人们出了车祸,他们的脑子里就会很快被各种"假如"占据。这些假如可能是积极的,也可能是消极和负面的。负面的"假如"让人们感觉更糟糕:"要是我没有走这条路,就不会发生这样的事了。""要是我能早点刹车,我就能避免这次车祸了。"积极的"假如"可以减轻人们的痛苦:"假如我根本就没有刹车,我就死于这次车祸了。""要是运气再差一点儿,我的车子就全毁了。""幸亏我的保险包括这一部分。"甚至在最糟糕的情况下,可以去想:"幸好他一下子就死了,不至于遭太多的罪。"

同样,我们的头脑中关于童年也会有很多的"假如"。负面的"假如"会让我们对过往的岁月充满悔恨:"假如我的童年不是那么糟,我就会快乐很多!"积极的"假如"能够提升我们的幸福感:"假如我没有经历那样的童年,就不会有现在这样的智慧。"

萨莉的爸爸在她3岁的时候就去世了,很多年她都沉浸在对父亲深深的思念中无法自拔。我在她的信中看到的就是一个积极的"假如"的例子:"我经常想,如果我爸爸还活着,事情会是多么不同啊。我也许不会像现在这样勇敢地去闯世界。可是有谁知道呢？我也许会是一个胆小柔弱的、甜蜜的小妇人。"

所有的一切都是相对的

把一个人的负面经历跟其他人的经历相比较也是一种"假如"。我在精神病医院做实习生的时候，经常会问那些即将出院的病人："是什么帮助了你们的疗愈？"我希望他们会提到所用到的药物，或者在医院接受到的各种形式的治疗。然而，很多病人告诉我，对他们帮助最大的是意识到这个世界上或许还有比他境况更糟糕的人。

但是，如果你硬要一个人把他的苦难跟别人更大的痛苦做比较，通常是不会安慰到他的。每个人的痛苦都是唯一的，把他们的痛苦跟其他人相比很容易让他们感觉你低估了他们的痛苦，侮辱了他们。然而，如果人们能够看到他们的痛苦——不管多深多浅——跟这个世界和历史上人类所遭受的痛苦相比都是相对而言的，就能够把他们从自身的遭遇中拉出来，用一种比较有益的方式看待此事。

在前一章节里，我曾谈到由科尔·曼登尼斯开创的处理乱伦受害者家庭的方法，以及治疗师与遭遇性侵的年轻当事人之间的私下讨论。曼登尼斯建议，治疗师在讨论中要善用时间的视角。比如,治疗师可以跟他们的当事人解释,虽然他们的经历令他们在那一时刻感觉特别痛苦,但如果把那段经历放到一生中,只占很小的一部分。那些侵害只占一天24小时里面的几分钟,一年有365天,一辈子有很多年。在当事人遭遇性侵的那些日子里,一定还有其他一些值得记住的重要事件和时刻。他们一定也会有一些有意思的业余生活,比如听音乐或者从事体育活动。治疗师可以帮助当事人将注意力转移到生活中那些积极的方面,把性侵放到更大的背景之下,因为很多的不快乐都会随着时间的推移被慢慢地忘却。

在我收到的来信里面,很多人直接或间接地在言语之间都表达了类似的感受,讲述了他们是如何学会处理这些痛苦的记忆的。

拉斯已经退休了。小时候,长在一个宗教氛围浓郁的贫穷的家庭里,父亲对他非常严苛。他写道:

> 我那时候很羡慕有新靴子的同学,他们的靴子是市政当局送给穷人的。我从来都没穿过那么好看的靴子。有一天我在城里看到了一个在战争中失去双脚的男人,坐在停在商店前的一辆汽车的引擎盖上。他表

演给我看,他是多么轻易地就可以用手支撑着自己爬到方向盘后面,用双手操控汽车。他骄傲地用他的双手开着车子去上班了,看上去是那么满足。我低头看着自己的旧靴子,再也没有什么不开心了。

玛丽亚的妈妈有心理疾病,她3岁的时候被送到了一个儿童之家,跟她妈妈的关系就此中断了。她的爸爸从来没有探访过她,实际上从来没有一个亲戚联络过她。回望自己的一生,她在信里写道:

> 当我写这封信的时候,忍不住开始思索,我的童年真的有那么艰难吗?还是随着时间的推移,我的记忆开始变成金色的了?因为每天你都能看到一些事实,告诉我今天的孩子们也有很多的不容易。我的座右铭是:童年时发生的一切都不是我的过错。我只是一个孩子,什么都不能改变,事情就是那么发生了。

艾莉萨因她妈妈患有慢性病而烦恼,她妈妈需要不停地就诊,而她爸爸是一个酒鬼。她说:

> 我现在再也不担心了,不再感觉痛苦和羞愧,也不为自己感到遗憾。我不觉得其他人的境遇比我好到

哪里去,我听说了太多的故事,感觉他们的生活可能还不如我呢。我在困境中积攒力量,从中学到很多。

一位72岁的老奶奶小时候被性侵,吃过很多苦,她写道:

……我已经忘记了那些糟糕的岁月,我老了,我的孩子们都有自己的生活,我不愿打扰他们。我经常去看望那些在二战中幸存的老兵,他们在身体和心理上都受过伤害。我常常想,我自己所受的伤害跟他们相比实在微不足道。我至少有房子住,有饭吃。如今我虽然没有最棒的身体,但是我还可以照顾自己,安度每一天。

过去和未来

认为我们的过去会影响我们的未来是非常自然的想法,但是很少有人会反过来想。未来,也就是我们以为的将来的情形,也会决定我们如何看待我们的过去。

抑郁的时候,我们会感觉乌云笼罩。这时候,我们看不到过去的一点点好。即使努力去寻找,也很难显现出任何积极的记忆。然而,当我们感觉世界在对我们微笑的时候,我们的未来之路似乎铺满玫瑰,比如恋爱的时候、找到新工作的时候、即将踏上一段有趣的旅程的时候,我们的过去看上去也变得美好起来。不管童年过得多么艰难,我们依然能想起小时候那些美好而快乐的时光。同时,那些曾经有过的困苦岁月也开始变成我们的资源。幸运的是,没有人拥有未来,而我们每个人都有权利编织梦想,去想象我们所期待的美好未来。如果我们允许阳光照进我们想象的未来,那束阳光就会照亮我们的今天和我们的过去。

闵娜曾经近距离地目睹父亲二十多年的严重酗酒。她现在在学习,对自己的生活比较满意,也能看到自己父亲好的一面。"父亲清醒的时候可以说是个很风趣的人。比如,他给我的娃娃屋做家具,他会做晚饭,甚至还会缝纫。换句话说,他也许可以算是一个所谓的好父亲吧。"

丽萨小时候被她妈妈暴力虐打,她现在也能看到妈妈好的一面:"有时候,我也能回忆起我妈妈是如何表扬和鼓励我们姐妹的。"

蒂姆成年以后也能开始面对父亲的酗酒问题了。"我父亲也有一些不错的地方。我记得他有时候下班后会很放松,坐在椅子上,哼着小曲。我和哥哥会爬到他的腿上跟他玩,他从来都不把我们推下去。"

第六章 正向思维

"去年仲夏节，我在欣赏夏日的景色时，忽然意识到我的生活是多么值得回忆。"杜拉写道，"我那充满苦难的过去，其实也有很多宝贵的片断。它令我感觉到某种释然。在这次顿悟之后，我一直在试图回忆童年时代的美好往事，真的发现了不少。"

反转沙漏

人们有一种美好的本能，能够在最丑陋的记忆中看到闪光的部分。比如，二战的退伍老兵，他们通常不会强调那时所受的苦以及战争的残酷，却经常给我们讲述他们的生存技能、意志力、机智勇敢和战场上发生的趣事。事实上，很多人都会以这样的方式撰写他们国家的历史，用以加强凝聚力，提升民族自尊心。因为这种美好的本能，妈妈们也都更多地记起新生儿刚刚出生时躺在自己臂弯里那一刻的快乐，而不是生产时的剧痛。

佩伊维是一位50岁的离婚妇女，有两个孩子，她这样写道："现在，我已经人到中年，能够用跟年轻时不一样的眼光看待我的童年时光了。"她确信，过去对她来说意味着什么，完全取决于她现在选择如何去看。"我终于能够看到我的不幸童年带给我的好处了。如果我站在阴影里去看我的童年,看到的就都是阴影;如果我选择站在阳光里去看,就能看到阳光灿烂的童年。"有一位诗人用隐喻的方式来这样描述:"我把自己的生命比做沙漏,我看到我生命的沙漏已经流到了它的底部。它提醒我把沙漏转个方向:让消极变成积极。如今我能用积极的态度去看那些负面的事件。我已经把沙漏翻转好几遍了,每一次我都能顺着沙子的流淌从不同的角度看我的生活,希望能够在有限的生命周期里找到我此生的目标。我像一个装满了各种线球的旧篮子,有些线球缠得很紧,有些很松,还有一些缠得很随意。我在头脑中看着这些线球,拆开,再缠起,我已经开始为新的目标而重新缠绕它们了。"

第七章

问答录

重要的不是发生了什么，而是你的反应。

第七章 问答录

"重要的不是发生了什么,而是你的反应。"

古罗马最著名的哲学家爱比克泰德(Epictetus,约55-135年)这样说。

在这一章节里,我将简要地回答一些问题。我做过很多关于"童年经历对我们人生的影响"的讲座。这些问题都是在那些讲座上常常被问到的。

问:被爱对一个人的健康成长是必需的吗?

答:每个人,无论是小孩子还是成年人,都渴望被爱、被关照和被珍视。如果一个人在他童年时有过不快乐的经历和很多的失望,也许就会感到他们从来没有被任何人爱过。然而,实际上,几乎所有的人在过往的生命中都是被爱过的。这些爱过我们的人未必是父母或者是我们的亲戚。

戴安娜写道:"我经常处于饥饿状态,因为我的爸爸妈妈把所有的钱都拿去买酒了。我记得自己很少吃饱饭,有时候好不容易吃饱,不知道为什么肚子不舒服,常常会呕吐。我们住的这个楼里有一家人对我特别好。他们有时候会给我一些好吃的,在那短短的一瞬间,我会有一种强烈的安全感和被关照的感觉。"

很多家长在内心里深深地爱着他们的孩子,但是因为自身的问题,他们不知道如何表达这份爱。孩子跟父母之间有亲密的并充满爱的关系对于孩子到底有多重要?如果没有足够的爱,孩子是否能够正常地长大?意大利畅销书作家阿尔贝托·莫拉维亚(Alberto Moravia)在他的自传里回答了以下对他的采访问题:

——你跟父母的关系密切吗?

——不密切。

——跟妈妈也不密切吗?

——是的,不密切。

——你与他们之间有爱吗?

——应该有吧?只是没有那么表现出来。

——所以你要寻找爱。

第七章 问答录

——也许吧，很可能是这样，但我也不知道。

孩子和父母彼此间爱的表达肯定对双方都是健康和有益的，但是多年的研究显示，即使没有这种爱的表达，孩子长大以后也会活得不错。

问：有些人拒绝谈论他们不幸福的童年，为什么？

答：可能有很多的原因，但是其中之一也许是害怕被贴标签吧。这种害怕被贴标签的心理其实也有部分的道理。在西方文化里有一个共识，即认为童年时代的创伤性事件会毁掉一个人的一生。如果你把自己童年时的磨难告诉别人，就有可能被贴上一些标签，你的一些行为或者性格中的某些特点就有可能被认定为源自童年的经历。"这就是我从来不跟其他人谈论我的磨难的原因之一。"泰娅写道。她很烦大家对遭遇不幸童年的人的偏见："人们很容易给你贴标签，他们对你的一些认识仅仅基于一些猜测。保守秘密很难，但是被人贴上标签过日子更难。"

问：为什么家长经常会为孩子的问题责备他们自己？

答：在西方文化里有一个普遍流行的信念，即认为孩子是家长养育出来的产品。这么一来，孩子出现问题肯定就跟家庭里发生的一切有关。比如,孩子在幼儿园打人,在家里也许就是被打屁股的;孩子上课睡觉,可能是因为家里出了什么事让他们晚上没睡好。其实,这种因果解释并不能自动成立。孩子有问题,原因可能是各种各样的,而且如我们所知,很多时候孩子出现各种问题根本就没有明显的原因。事实上,即使家里有明显的问题,也无法简单地把孩子出问题归结为是家庭造成的。值得提醒我们自己的是,几乎所有孩子的各种心理问题都是在成长过程中形成的,比如恐惧、做噩梦、疼痛、坏脾气、睡觉或吃饭不规律、学习困难或者跟其他孩子难相处等,大体而言,这些普遍存在的问题都是成长过程中的一部分,跟父母的养育方式并没有多大的关系。

问:为孩子的问题责备家长有什么坏处?

答:因为孩子的行为问题而去责备家长的做法并不能帮助家长更好地处理孩子的问题,还会带来反作用,同时对孩子也没有什么好处。我记得几年前,有一位家长带着他7岁的孩子来找我。这个孩子的问题是拒绝上厕所,总是拉在裤子里面。一位儿童精神科医生已经为他们全家做了详尽的检查,得出的结论是:孩子的问题源于父母之间

第七章 问答录

关系不和。两位家长很相信医生的诊断，努力地改善彼此的关系。他们的关系变得越来越好了，但是他们的儿子还是拉在裤子里。当这一家子来到我们诊所的时候，我们一致认为，如果不停止责备家长，就很难帮助孩子学会上厕所。当我们开始质疑"孩子的问题是潜在的家庭问题的反映"这一结论，跟家庭的每个成员包括孩子开诚布公地讨论解决方案时，一些富有创意的点子就出来了。妈妈提议孩子学着自己清理弄脏了的裤子，儿子则提议若是他每次能上厕所解手就可以得到一点钱。这两个建议都被采纳了，男孩花了不到一周的时间就克服了这个问题。

一位妈妈跟我说，她过去为孩子的坏脾气伤透了脑筋，还找过专家帮忙。她儿子发起脾气来经常躺到地上撒泼打滚，哭到声嘶力竭。这位妈妈试图找到问题所在，她不仅责备自己，还怪罪孩子是难产所生，归因于孩子的小妹妹的出生，联系到孩子爸爸的基因问题，还有爷爷奶奶的娇惯……他们跟儿子不知道谈了多少次，一点儿帮助都没有。有一天，她的儿子在外面又开始耍脾气了。这位妈妈一看，豁出去了。"爱谁谁！随便吧！"她说，"我想都没想，突然告诉他，'如果你敢耍，我就跟你一样'。然后我就直接躺到地上，就像他一贯的做法一样，开始连喊带叫地乱踢乱蹬。他张大嘴巴看着我，着急地喊着：'妈妈，不要！'还加了一句：'太丢人啦！'"从此以后，她儿子有几次刚要耍脾气，她就说"你敢耍，我就跟你一样！"她的儿子立刻就收住了。

当我们开始思考是哪里出错的时候，就容易失去帮助孩子找到解决方案的机会。孩子们应该有权利在成长的路上跌倒，他们也有权利有一些属于自己的问题。

问：年轻人经常会为自己在生活中遇到的问题指责家长。如果家长不想为此承担责任，应该如何面对孩子的责备？

答：也许我们应该学着像电视剧《急诊室的故事》中的乔治·克鲁尼所扮角色的父亲那样回应。乔治扮演的儿子对他父亲说："我没有办法跟一个女人建立超过六个月的关系，这都要怪你！"

对此，他父亲回应道："我愿意为我自己在养育你的前18年中所犯的错误负责，但是后面的日子过得如何，还是要取决于你自己！"

我们应该允许孩子们就我们的养育方式做一些抱怨。没有完美的家长，即使我们努力去做到最好，也会犯一些

第七章 问答录

错误,承认这一点没有什么大不了的。我年轻的时候也批评过我妈妈,她总是笑着回敬我:"我不可能不犯错。"我们都知道,西方的年轻人习惯为他们自己的问题而责备家长,但这只是一个阶段性的表现。如果家长有足够的耐心去倾听他们的说辞,这个阶段通常很快就会过去。

问: 离婚对孩子总是有伤害吗?

答: 过去的几十年里,人们一直在研究父母离婚对孩子带来的影响。这需要采集大量的数据,研究大量的文献,才能得到详尽可靠的答案。早期研究中,几乎所有关于"离婚对孩子的影响"都带有偏见和目的导向。研究的设计方向就是为了证明,来自"破碎家庭"的孩子跟其他"正常家庭"的孩子相比会有更多的问题。跟这一偏见相悖的信息,比如"很多孩子尽管遭遇父母的离异,依然成长得不错"这一事实则经常会被忽略。假如发现一个单亲妈妈养大的女孩没有比其他"完整家庭"出身的孩子表现出更多的问题,研究人员就会假定这个女孩一定是受到了更深的伤害,以至于问题都无法外显了。

近些年来,研究的态度发生了转变。如今,研究人员不再专注于"离婚本身是否对孩子有伤害"这一问题了,因为越来越明显地发现，对这类问题的回答其实取决于各种相关的事情和因素。最糟糕的情形下，孩子会卡在争吵不休的父母之间不知所措，而最好的情形是，孩子会有两个温暖的家，在两个家里都有好朋友，都有人关心他们。所幸的是，今天的很多研究人员更加感兴趣的是，有什么办法能帮助人们更好地处理离婚问题。这样的研究变得很有必要，很多国家都有为离婚家庭提供咨询和服务的各种机构和专业人员。比如，挪威已经出台了新的法律，所有想要离婚的夫妻，如果有孩子，就必须参加几次调解，协商出对孩子有利的离婚条约。

离婚对孩子必然造成伤害的说法让家长感觉内疚。"为了孩子的缘故"，很多家长会让自己陷在这种不正常或失调的婚姻关系里，每个人都深受其苦，有时候反而更加伤害孩子。一个治疗师讲过这样一个故事，说的是一对夫妻找到律师要办理离婚。他们都80岁了，律师给他们介绍了一位婚姻咨询师，希望他们能够在决定之前思量再三。他们找到咨询师，咨询师发现他们已经结婚50多年了。她忍不住好奇，问道："为什么是现在？"这对夫妻回答："我们早就决定了，孩子小的时候绝不能离婚，现在他们都进了坟墓。"

第七章 问答录

问：如果孩子从来不被鼓励,是不是就会自卑或低自尊？

答：首先,我想先澄清一下"自尊"这个概念。这个概念现在似乎被用来解释所有的问题：从害羞到犯罪行为,从咬指甲到失业……很多时候,把孩子的问题归结为缺乏自尊会让我们更难找到解决方案。更不用说,自尊,或者说我们对自己是否有足够的尊重,并不是一成不变的。随着生活中发生各种各样的事情,我们的感受也在变化。"自尊学说"在试图证明,我们之所以有各种困难,都是因为我们的"低自尊",然而,我们是不是也可以反过来争辩：我们之所以"低自尊"或自卑,就是因为我们的生活里遇到了这么多的困难呀。当人们有问题的时候,很难让他们去看重自己；问题解决了的时候,人们就会更容易自我尊重了。

我已经开始怀疑这种不停地将孩子的问题跟低自尊连到一起的说法了。这样的说法使得人们开始相信他们是低自尊的,即使事实并非如此。其实,如果我们刻意去寻找"低自尊"的证据,无论在什么人身上,甚至在自己的身上,都会很容易地找到很多。反之亦然,如果我们决定去发现"高自尊"的证据,也能找到很多。自尊心是一个很容易产生误导的概念,因为所有人都有自我尊重的部分,也有不够自我尊重的部分。

以前我们都是用规矩来教养小孩和驯养动物的。要是他们有了不良行为,就会被惩罚、被斥责,或者被打屁股。现在,世界在改变,至少我们开始试着用鼓励和嘉许的方式来养育孩子。按照研究狗的心理的专家的说法,如果你想让狗狗做出不一样的动作,一定不能打它。当今的驯狗师也给了我们同样的建议:如果狗狗做出不当的动作并没有受到惩罚,而在做出我们规定的动作时得到奖励,狗狗就会更听话。

被珍惜、被尊重,或者至少能感受到他人的某种鼓励,是一个人健康发展必不可少的条件。所有的人都需要有价值感,不仅是自我价值感,也需要不时地得到来自其他人的肯定。我确信,如果孩子不能从家长那里得到鼓励和肯定,就会设法从其他人,比如爷爷奶奶或者朋友们那里得到这些。我从收到的那些信里知道类似的道理,即使你不记得小时候曾经得到过什么肯定、尊重或者鼓励,长大的时候得到这些也不算迟。

第七章 问答录

问：孩子在没有爸爸或者类似爸爸角色的环境里，能健康地成长吗？

答：有许多关于养育孩子的神话般的规范是很难被挑战和质疑的。人们似乎很相信这些学说，无论真实的研究结果怎样。不幸的是，一些有关"家庭"的科学研究也经常会带有这类偏见，他们偏向于支持"核心家庭"这类的传统观念，而只在出现问题时才会以审视的眼光研究其他形式的家庭结构。然而，"家庭"的定义也在渐渐地发生改变，核心家庭的形式只是许多家庭形式的一种。还有很多其他形式的家庭：单亲家庭、重组家庭、多代同堂家庭、有孩子或没孩子的同性恋家庭……每种形式的家庭都有它的优势和劣势，我们不应该随便评价哪种形式更糟糕。

早在20世纪六七十年代，有很多研究显示：由单亲母亲养大的男孩比在有父亲的家庭长大的男孩问题多。这些研究结果被迅速采纳，成为认定的"事实"，虽然研究只侧重了一个发现：单亲母亲组里的"问题孩子"的比例比另外一组要高一些。事实上，这一研究还有一个没有被强调的真相就是：两组里面的绝大多数男孩其实都适应得不错。

把某种家庭贴上特定的标签，指出这个家庭形式不如其他家庭形式的做法没有任何好处。孩子在单亲家庭适应得如何取决于很多的原因：孩子跟自己的生父关系如何？他们跟妈妈的新男友关系如何？离婚后孩子的生身父母关系怎样？家里的经济状况如何？孩子们的周边环境对于"没有父亲"这件事的看法如何？这类问题很多很多……我们应该记得，仅仅在不久之前，"没有父亲"的孩子还被认为是"私生子"，应该为自己的出身羞愧。如果这些孩子觉得自己难以在这个世界上找到立足之地，或许不是养育他的家庭的问题，而是这个社会的偏见问题。

近些年的研究已经开始主动放弃必须有父亲和母亲这一观念。一些研究显示，被单亲母亲养大的男孩也完全可以很棒——从某些方面而言——甚至比有父亲的男孩还要棒。同样的道理也适用于同性恋的家庭。社会上有些人也许会诅咒同性恋家庭，但是事实证明，来自这样家庭的孩子和其他家庭的孩子长得一样好。

问：为什么很多家长会辱骂自己的孩子？

答：过去很多家长都习惯用语言来羞辱或惩罚自己的孩子。不幸的是，这样的习惯也延续到了今天。从前的家长都相信，严厉的批评对孩子的成长有好处：孩子可以从

第七章 问答录

中学到更多，至少可能会变得坚强，能够抵御日后来自他人的语言攻击。

很多成年人都提到家长在他们很小的时候是怎样辱骂他们的：说他们太懒惰、太胖，是大傻瓜、疯狂，或者自私。很多无辜的女孩子青春期的时候被家长称作"娼妓"，就是因为她们喜欢化妆，想打扮得时尚一些。

为什么家长会批评他们的孩子？对于这个问题很难找到令人满意的回答。如果你问那些家长，为什么要骂他们的孩子，家长们经常会一脸茫然。有些家长根本不记得骂过自己的孩子。还有一些家长会为自己辩解，说他们自己那时候的日子有多么难，或者说他们自己小时候有多么不容易。看起来，如果想要接受父母对我们的口头虐待，还是需要问问他们为什么要这么做。我们为自己找到的答案将影响到我们如何去感受这件事。如果我们能够设法体会到其中的缘由，而不责备我们自己，同时能够理解我们的父母，也许我们就不会太在意这件事了。

我的一个熟人告诉过我，他记得他妈妈过去经常用轻蔑的语言评价他的外貌："你长得太难看了。""谁能喜欢你这样的长相呢？"

长大以后，好几个女孩都说他长得很帅。一天，他决定回家跟妈妈掰扯一下。

"你为什么老是唠叨我的长相难看?"他问他妈妈。

"我说过吗?"妈妈回应道。

"是的,你说过很多次。我记得很清楚,就像发生在昨天一样。"

"哦,要是我真的说过,也许就是因为我不希望你将来像你爸一样。"他妈妈淡淡地解释道。

问:人们怎么才能从小时候受到的侮辱中解脱出来?

答:如果孩子不停地听到别人说他们淘气,是傻瓜,长得丑,或者其他类似的什么话,他们也许就开始相信这些标签了,或者至少开始担心别人说的是真的了。成年人对这样一些说法很敏感,孩子则更敏感。如果孩子一次一次地听到别人说他笨手笨脚,比如,拿他跟心灵手巧的表妹相比,他就会开始为自己贴上"没本事"的标签,即使事实上根本不是这么回事。另一方面,家长有时候也会故意批评孩子,因为他们希望这样能够帮助孩子变得更好,改正一些缺点和不足。如果妈妈跟孩子说"你连自己穿衣服都不会",她的意思也许是"你来自己穿一下衣服,证明我是错的"。

第七章 问答录

法国演员珍妮·莫罗在一次电视访谈中谈到,她父亲曾极力阻挠她成为演员,但事与愿违,这反而越发激励了她。多年以来,她的父亲都强烈地反对她做演员。比如,当她爸爸发现她第一次在剧场拿到一个角色的时候,反应之激烈,让她不得不离家出走。但是珍妮·莫罗并没有对她爸爸有什么不满,相反,她很感谢父亲如此强烈地反对她的选择。她说,正是她父亲的强烈反对给了她力量去实现自己的梦想。

所幸的是,如果你愿意,什么时候去质疑小时候受到的侮辱都不晚。事实上,很多人很高兴能够找到当年嘲笑自己的那些人,站到他们面前,跟他们显摆:"看!你那时候说我什么都不是,现在你要怎么说?"

问:如果孩子必须照顾自己的父母,这会对他有所影响吗?

答:担心父母的身体健康或者担心他们能不能活下去,对于孩子确实是一个很重的心理负担。我记得很多年以前,我在一个儿童精神健康诊所工作时遇到过一个7岁的男孩。他在学校和家里的行为很怪异,其中一件怪事就是他把朋友邀请到家里,在客厅里"点篝火"。记得我见到孩子的母亲时，她告诉我，她不仅担心自己的儿子，也很担心自己的身体健康。这是一位单亲妈妈，独自抚养两个孩子。当她给我讲述自己的重病和一些恼人的事时，眼泪顺着她的脸颊流了下来。她担心自己有一天挺不住，无法面对生活的这些重压。我问她儿子，是否担心妈妈的身体，他说是的，然后开始很主动地跟我谈论他妈妈。他告诉我，他非常忧虑，担心妈妈撑不过去。于是，我给负责治疗的医生打电话，跟他解释了这个状况。主治医生想出了一个主意，他说，下次他妈妈来治疗的时候可以让这个男孩一起来，这样就能跟他解释一下他妈妈目前的状况了，让他知道他妈妈的病情尚可控制，不需要太多担心。我们也透过社会服务部门给他妈妈提供了一些家务上的帮助。这些简单的干预已经足以让这个男孩心安了。

如果家长身体有疾或有心理疾病，或者饮酒过度，孩子都不可避免地会担心。如果孩子能够跟大人说出自己的担心，而大人能设法让孩子相信他的父亲或母亲会得到专业的治疗，孩子就会放心很多。家庭治疗正在变成社会福利机构的一种服务手段，越来越多的孩子们受邀参加父亲或母亲在治疗方面的讨论。

一位女士在给我的信中谈到小时候担心妹妹生病的事。

第七章 问答录

她的妹妹有严重的哮喘病,家里的每个人都在议论妹妹的病情,担心妹妹会死去。唯一一个让妹妹能够好好呼吸的地方就是家里的那张摇椅,所以家人要整夜轮流地摇动那张椅子让妹妹安稳睡觉。她回忆自己那个时候是多么恐惧,小小年纪的她一边摇着摇椅,一边担心自己会不小心睡着了,让妹妹喘不上气。万一妹妹死了,就是她的错啊!

很多人发现,当家中有人或者某个关系亲密的朋友不停地吵吵要自杀的时候,这对孩子来说就相当于骇人的噩梦!在这种情况下,一定要密切关注孩子。要让孩子确信,防止自己的爸妈或什么人自杀不是他的责任,这个问题有其他人在处理。

然而需要指出的是,帮助自己的父母对孩子来说并不是难以忍受的一个负担。要紧的是需要知道,这个负担在孩子的肩上有多重。科尔·曼登尼斯是一位来自华盛顿家庭治疗研究所的著名治疗师,她说,孩子天生有帮助父母的愿望和需要。她强调,专业工作者不可以剥夺孩子帮助深陷麻烦的父母的权利。她建议不要试图把孩子从照顾人的角色中拽出来,而是要去支持和培养孩子,帮助他们找到与自己年龄相符的、合理的方式去帮助自己的父母。

《家庭治疗者》杂志曾经发表过一个曼登尼斯的访谈,

她谈到自己小时候如何经常照顾自己的父亲。她说很感激父亲，不仅感激父亲给她的爱和关照，也感激父亲能够清楚地跟她表达他对女儿的需要，让女儿帮助到他。曼登尼斯说，她父亲有过很多难忘的美好时光，也有过艰难的时刻，当父亲心情低落的时候，会寻求她的陪伴，允许她安慰他，跟他聊天，哄他开心。她说，父亲给她提供帮助的机会，就是给予她的巨大礼物。

问：如何帮助孩子从父母的离世中恢复过来？

答：塔莉亚和她的姐妹在她13岁的时候失去了母亲。在那些日子里，没有人给过她们任何情感上的支持。她写道："我经常想，为什么我们学校的老师从来不主动找我谈论这件事？失去母亲真的非常难，尤其是对孩子来说。我们得到过一些社会服务机构的帮助。如果我父亲愿意接受，我们也能够得到一些经济方面的援助。然而，除此以外，我觉得政府部门在这种情况下更应该为孩子提供心理方面的支持。"

近年来，这方面的情况已经有了很大的改善。专业人员开始为那些突然遭遇死亡变故的家庭提供危机干预和帮助，有大量的文献和视频帮助孩子悼念死者，教给养育者

第七章 问答录

如何支持孩子经历这个过程。在帮助他人悼念死者的同时，最重要的是尊重本人独有的悼念方式，没有什么对的和错的方式。有的孩子可能会哭，有的孩子也许不会表现出什么强烈的情绪，有的孩子也许想迅速忘记这件事，有的孩子也许沉浸在每时每刻的思念当中。孩子们有自己独特的悼念方式，我们要做的就是帮助他们用自己的方式去悼念。

跟成年人一样，虽然知道死去的亲人不会再回来了，去想象他／她仍然以某种不同的方式跟我们在一起，这常常可以帮助孩子。想象着死去的亲人仍在某个地方存在着，可以让他／她在孩子的生命中继续扮演支持者的角色。事实上，从心理学层面来说，死者是永远不会离开我们的，因为他们存留在我们的头脑中。只要我们想起他／她，就可以感受到他／她的存在，就能够引领我们的生命，鼓励我们并给我们力量。

一位署名"悲伤的心"的女士，在童年时失去了父亲。她说，当她这样去想时，对她的帮助很大。她写道："在我的生命里，关于父亲的记忆对于我而言是非常重要的资源。他欢乐的样子和给予我的深爱一直带给我力量，帮助我克服各种困扰。"

问：如何让孩子开口谈论他们的问题？

答：有一种说法，"你可以把马牵到河边，但是无法逼它喝水"。这一点同样适用于孩子：你可以为他们提供诉说苦恼的机会，但是绝不能逼迫他们开口。美国著名亲子专家罗恩·塔菲尔（Ron Taffel）劝导家长不要太用力。他说，孩子是愿意跟家长谈论他们的问题的，但是他们需要选择合适的时机去谈。很多时候，当父母跟孩子一起做家务或者在开车去什么地方的路上时，孩子会主动开口，说出他们的问题。

对于年龄小的孩子，家长可以给他们读一些跟他们的处境相类似的故事绘本，引导孩子谈论他们的问题。分享自己从前的经历也能帮助孩子开口。有一个古老的说法，"如果你想让人们谈论他们的兄弟，你要先说说自己的兄弟"。

家长们期待孩子跟他们谈论自己的问题，这是非常正常的。但是一定要记得，虽然交谈是很好的帮助孩子的方式，但绝不是唯一的方式，还有许多其他的方法可以帮助孩子面对问题。孩子们可以听那些跟他们的经历有关、能够触及他们心灵的故事，读相关的书籍，或者看电影。孩子本身也有极强的处理问题的能力，能够透过玩耍或想象来应对自己的问题。我们要记住的是，如果孩子今天不想

第七章 问答录

谈论他们的问题，明天也许就愿意开口了。即使他们不跟我们说，也许会跟其他人说，这些都是早早晚晚的事，到了他们想说的时候自然会说。

问：如何让自己从年少轻狂所犯错误的羞愧中获得解脱？

答：我们当中的很多人都对自己年少时所做的羞耻之事有着深刻的记忆，不愿意跟其他人谈论。羞耻是一种恐惧，害怕暴露后被别人看不起。

为了令我们自己从耻辱感中获得解脱，我们需要确信：担心被他人鄙视的恐惧并不一定会发生。我们需要把我们的想象从"人们会评判我"变成"人们会理解我"。毕竟，如果我们自己能够在听到别人谈及他们所做的糗事时理解他们，为什么别人就不能理解我们呢？

摆脱羞耻感的最好的方法是跟自己信任的人谈论所发生的事情。如果他说一些诸如"我也经历过类似的事情"或者"我觉得这样很正常啊"，又或者"这种事比你想的常见得多"、"这不是你的错！"都会让你的羞耻感减弱一些。有时候，直接暴露自己感觉羞耻的事是很难的，不妨从很小的一步开始。比如，可以打匿名的热线电话跟他人谈论，或者在互联网的专题论坛上做匿名讨论。还有一种常常被用到的方式，就是以比较模糊的语气跟别人提起你想说的事："如果你发现有人曾经……你会怎么看？"

问：当我们强调许多人虽然经历了艰难的童年依然能够很好地应对时，难道不是也在让那些还没有从童年的不幸境遇中解脱出来的人感到内疚吗？

答：我必须承认，对于这个问题我还没有想出足够好的回答。当人们指出不幸的童年经历会给一个人带来负面影响的时候，他们的用意是好的。他们想说的是，我们可以透过改善孩子的成长环境来防止很多的问题。不幸的是，这样的信息不小心给大众一个印象：不幸的童年体验一定会导致成年后的很多问题。

另一方面，当我们指出尽管经历困扰，人们依然有可能应对得很好时，我们的用意也是好的。我们想说的是，即使有过不幸的童年，成年后依然有可能过上幸福的生活。这一点也非常重要，但是也会不小心给大众一个印象：那些没有从不幸的童年中走出来的人是你自己的问题。

这枚硬币的两面都是非常重要的：童年时的逆境并不必然导致悲催的一生。人们可以康复，可以从中学习如何应

对困难,但是这并不代表可以轻视人们曾经遭遇的童年创伤。

问:你是不是在说,人们总是能够克服困难,应对各种难题?或者说,我们根本无须做什么让这个世界变得更好,因为每个人都该为自己的命运负责?

答:心理学家、家庭治疗师韦恩·卡隆在互联网的论坛上抛出了这个问题。他说:"在美国,社会福利改革法案将把上百万的人带入贫困线。'有人在可怕的环境下长大,但是依然可以过得不错'跟'人们可以把自己从泥潭里拽出来'的观念如出一辙。当然,总有一些孩子有很强的回弹力……但是不要忘记那些因为受童年影响而依然挣扎的人,不要忘记我们对下一代的责任。"

他说得对。我们需要谈论如何战胜困难,找到在困境中求生的方法,但是这样的讨论不等于放弃我们的社会责任。即使我们知道,人有能力克服几乎所有的问题,我们也依然肩负着为这个世界上的其他人以及孩子们改善生存状态的责任。

问:共生依赖症(Co-dependency)是指什么?与这本书里所要倡导的理念是什么关系?

答:"共生依赖症"是从一个匿名戒酒运动发展出来的

概念，原本是指酗酒者配偶使酗酒者继续留在酗酒模式里的某些行为，意思是指从帮助酗酒者买酒到帮助其到处掩盖酗酒真相的那些做法。"共生依赖者"是指参与到帮助酗酒者维持酗酒模式的那个人。

这个概念慢慢延展到那些因为爸爸或妈妈酗酒而不得不去照顾他们的孩子身上。一直以来有种争议，认为这样的经历会毁掉孩子的生活，让他发展出"共生依赖症"的人格模式，容易牺牲自己参与到他人的生活中，而看不到自己的需要。

"共生依赖症"并不属于精神病学中的症状。它不算是某种紊乱，不像"抑郁症"或"精神分裂"什么的，它只是日趋流行的"所有的心理问题或人际关系问题的根源都多多少少来自不健全或不健康的原生家庭"这一理念的补充。其根源在于"我们是不健康家庭里的无法长大的成年人"这一结论在西方社会变得相当流行，很多关于这方面的著作也大行其道成为国际畅销书。摆脱"共生依赖症"已经变成一个世界范围的运动，帮助那些患有因为共生依赖而引发的成瘾症或者其他症状的人。从共生依赖模式解脱的方法包括阅读相关的书籍，认清自己的共生依赖，参加自我救助的治疗团体。

第七章 问答录

共生依赖概念的提出是有积极意义的。它使我们知道，尽管我们在童年受到了一些伤害，还是能够通过一些方法得到疗愈的。

然而，这本书给出的信息更加积极：自我救助团体也许能够给你一些帮助，但这并不是必需的。条条大路通罗马，很多其他方式也能帮助人们克服并战胜生活中的艰难困苦。

问：在心理治疗中，处理一个人的童年创伤有多么重要？

答：自弗洛伊德起，一直在西方心理学领域占据主导地位的理念就是：治愈一个人的心理问题必须追溯他过往的童年创伤。从这种理念派生出了很多的心理学流派，它们专注于用各种方式帮助当事人去回忆和处理那些童年的负面经历。"回想治疗"就是一种透过催眠、解梦、自由联想、呼吸技巧和各种练习来完成的一种治疗方式。很多年以前，我也参加过一个工作坊，所有的学员都要躺到地板上，不停地喊着："妈妈，不要遗弃我。"直到大家能够回想起童年时曾经被遗弃的那一幕。

流行的心理学书籍常常能够成功地说服读者去相信处

理创伤性记忆的好处。然而,心理健康领域的专家对此通常抱有怀疑的态度。跟其他人分享一下自己的童年经历也许是一件不错的事,但并不等于你必须这么做才能让心理治疗有效。最近一些对各种形式的心理治疗进行比较的研究已经清楚地表明:治疗的有效性与是否在治疗过程中讨论童年经历几乎毫无关系。那种仅仅专注于当下和未来而不关心过去的治疗一样能够为当事人带来很好的疗效。

问:处理童年创伤会有害吗?

答:总体来说,有机会跟他人谈论自己过去的负面生活经历会令人获益。但是,跟治疗师一起专门做那种帮助你从童年创伤中恢复的对话通常是有害无益的。

伊丽莎白·洛夫(Elisabeth Loftus)为此在她的一篇文章中写到过这样的治疗可能带来的悲剧性后果。20世纪90年代,美国的华盛顿州允许犯罪的受害人申请补贴做心理治疗和看医生。华盛顿州的劳工部很快收到大量的补贴申请。这些申请者都接受了某种专注于童年创伤的心理治疗,唤起了对童年时被性侵的画面以及各种形式的虐待的生动记忆。因为申请补偿的数额太大,劳工部决定做一个调查,看看这样的治疗是否有效,他们选择了30个申请人进行详

第七章 问答录

细的调查研究。

调查的结果显示,这类治疗给当事人带来的伤害远大于帮助。在被调查的所有 30 个案例中,治疗之前有 3 人曾有自杀的念头,治疗后这个数量上升到 20 人;治疗之前,只有一个人用刀子划伤过自己,治疗后,有 8 人残害过自己;治疗之前,有两个人进过精神病院,治疗后,有 11 人至少进过一次精神病院。另外一个令人不安的结果是,治疗之前 30 人里面的 25 人都有工作并结婚了,但是 3 年的治疗之后,只有 3 个人还工作着,以前结婚的人中差不多有一半已经离婚。

因为没有对照组,这个调查并不符合研究的科学性要求,但它还是给了我们一些重要的信息。那些特别专注于童年创伤的治疗可能真的对你的健康不利。

问:心理治疗有没有可能唤起不真实的记忆?

答:最近关于人类记忆的研究表明,记忆并不像摄像机一样客观地记录真实的故事。记忆会随着时间改变,人们甚至会"记得"一些从未发生过的事。这个现象被用于催眠,受试者被告知要回到过去,并报告他们生活早期阶段的一些经历。这些画面会在催眠过程中生动地出现在受试者的脑海里，人们能够"记起"他们在子宫里面的感觉、出生时的感觉，甚至是上一世的生活。催眠可以让大脑生出非常真实和生动的来自他"记忆"的画面。

如果你的治疗师坚信你的问题来自你的童年创伤，认为你的疗愈完全取决于你是否能够追溯和处理这些创伤经历，而且如果这位治疗师特别擅长使用暗示法，比如记录脑子里出现的事、自由联想、解梦、意向引导或者催眠，那么你将很有可能开始"记起"那些从来没有发生过的事。

问：人们是否可能不经过心理治疗而从性侵和乱伦的经历中走出来？

答：儿童心理专家有一个共同的信念，就是性侵总会给孩子带来严重伤害，所以遇到这样的案例一定要做心理治疗。然而，最近这些年很明显的感觉是，事情没有这么简单，比我们想象的更复杂。孩子是独立的个体，每个人都是独特的。对于这个孩子的情况，心理治疗也许是有帮助的，而对另外一个孩子来说，其他的方式也许会更适合。

最新的研究开始支持这样一种观点：孩子在遭遇性侵后的恢复和生存状况比专家们预期的好。据一项粗略统计，大约1/3（也即20%—40%，取决于研究案例）遭受性侵的人在后来的检查中被证实适应得不错,没有留下什么心理疾病的症状。

人们经常认为,性侵受害者必须经过长时间的心理治疗才能疗愈,很多的案例也确实如此。不过,我们需要记住的是,很多孩子是能够从其他地方找到他们所需要的支持的。在最近的一个瑞典研究中发现,大多数曾经克服了这类经历的孩子都更愿意跟家人或朋友诉说,而不是跟专业人员。

问:催眠法或心理治疗能帮助人们更积极地看待他们的过去吗?

答:20世纪40年代,美国精神科医生、催眠法的创始人米尔顿·埃里克森(1901—1980)引入了一种有意思的治疗方式,帮助他的当事人更积极地"看到"他们的童年。治疗师透过催眠,令他的当事人回到孩提时代。在所谓"回溯"的过程中,当事人会感觉像是真的回到了童年,变成个孩子,连讲话的声音都会像那个年龄段的孩子一样。这时候,催眠治疗师就开始扮演智慧而慈悲的成年人,倾听孩子的分享,把当事人带到不同的年龄段,比如两岁、五岁、学龄儿童,以及青少年,跟他对话。

埃里克森讲过这样一个案例。案主名叫玛丽，当追溯到她六岁的时候，玛丽提到了一个创伤性事件。她的小妹妹穿着衣服爬进了盛满水的浴缸里，她试图把妹妹拽出来，可是妹妹却在水里翻了个身，在水底下快要淹死了。玛丽大喊大叫，希望妈妈快来帮忙。妈妈迅速跑了过来，捞出了已经憋得失去了血色的妹妹。被使劲拍打后背之后，妹妹才开始咳嗽，终于获救了。但这一事件显然对玛丽造成了很深的影响。妹妹差点儿被淹死的记忆一直让她深感内疚和担心，所以催眠一开始她就进入了六岁时的那个画面里。

眼泪顺着脸颊流淌，玛丽跟埃里克森详细地叙述了在那天以前所发生的事情以及小妹妹跌落到浴缸里时的情景。听完玛丽的讲述，埃里克森医生肯定了玛丽的行为："看到小妹妹有危险，你拼命地喊妈妈救妹妹出来。妈妈还没来之前，你努力去拉她出来。你抓不住她，因为你的力气不够。但是你特别聪明，知道马上喊妈妈来帮忙，救了妹妹一命。"当玛丽用新的角度看待这个事件的另一面时，她立刻感觉好多了。埃里克森陪着玛丽回顾了好几件这类的童年往事，用充满慈悲的心去安慰她，体会她所经历的各种痛苦和困惑。

《二月的男人》(*The February Man*，米尔顿·埃里克

森、厄内斯·特劳伦斯·罗西 1989 年著）一书中曾就这类主题进行案例研究，在心理治疗师中间引发过热烈的讨论。大家认为，治疗师不仅有可能影响当事人对未来的期待，也有可能影响他们对过去的看法。

问：我该如何帮助一个人不再心怀怨恨？

答：放下怨恨或痛苦能够给人们带来很多的好处，能让人们释怀，释放能量，开始放眼未来。然而，"放下怨恨"，说起来容易，做起来难。一个人尤其没办法接受朋友们的善意劝导"忘记这些吧！"或者"过去的已经过去了"。当一个人受了委屈而被劝说"忘了吧"的时候，简直有种被侮辱的感觉。作为受害者，被期待"忘记这一切"，就好像在说他们"怨得没道理，完全没有必要这样反应"一样。

要想帮助心怀怨恨的人，我们首先要记得：通往宽恕，或者忘记过去的苦涩，是一条很长的路。这个过程要经历好几个阶段，从"一心复仇"一下子变到"心平气和地宽恕"不是常人能够做到的。

当我们试图帮助他人，或者是帮助自己走出怨恨时，要记住的是：慢慢地理解痛苦之事，尝试用一种新的视角去看看到底发生了什么，为什么会发生这样的事。为下面的问题找到答案会有助于你淡化痛苦：

- 如果让你受委屈的人能够承认他做得不对，他意识到了他的所作所为带给你的痛苦，这会不会对你有所帮助呢？
- 如果他真的后悔，为自己所做的事感到抱歉，这会不会对你有所帮助呢？他要怎么道歉才能让你接受呢？
- 如果他能够跟你解释一下他当时为什么会那么做，会不会对你有所帮助呢？如果他真的解释了，什么样的解释比较容易让你接受呢？
- 如果他能够向你证明他已经从以前发生的事情中吸取了教训，并且还因为这一切改变了他自己，这会不会对你有所帮助呢？怎么才能让你相信他真的改变了？

有时候，生活会让我们有机会跟那些伤害了我们的人做这种建设性的对话。可是，这样的机会毕竟太少，我们不妨学着做一个内在对话，尝试着跟自己或跟那个意识到自己做了错事的人做个对话。

第七章 问答录

问：如果那个让我们心生怨恨的人已经去世了，怎么办？

答：在这种情况下，给那个人写信应该是一个有用的办法。我们可以在信里告诉他们我们的感觉，把你的愤懑或怨恨表达出来，需要的话，可以一再地写，一直写到满意为止。然后，我们可以给自己写一封回信，需要的话，也可以一再地写，一直写到满意为止。这种想象的对话被证明是一种有效的手段，可以帮助你跟旧有的怨恨和解。

问：如果我们只是对命运充满怨恨而不是针对某个人，怎么办？

答：通常，当我们的生活品质改善了的时候，无论过去发生了什么，我们对生活的怨恨程度都会减轻。比如，很多男人或女人因为离婚而生出的怨恨，常常会因为找到了新的爱情而大大地减弱。当我们要帮助的那个人不是怨恨某个人，而是怨恨生活的不公平时，我们可以问他这样一些问题："你觉得如果生活中发生了什么样的好事，你就能够把过去的不愉快放到脑后？"或者"你想要命运怎样补偿你所遭受的痛苦？"

问：如果人们的问题不是由童年经历所带来的，那又是因为什么呢？

答：我们是如此习惯用童年创伤的理论来解释现在的问题，当这个理论被质疑的时候，我们会感觉手足无措、无从下手了。事实的真相是，没有人知道我们的问题来自哪里。所有的学术研究，从心理学到动物行为研究，从社会学到脑科学研究，都提供了各种理论去解释为什么我们会有这些奇怪的行为。

引发人类行为问题的原因是多种多样的。去解释一个人为什么在某个特定的情形下有那样的行为，实际上是不可能的，没有什么单一的模型能够解释复杂的人类行为。也许我们最终需要接受的就是这样一个不确定性。即使在最好的情况下，我们的解释也只是预设、假定和理论。然而，这些"假定"并无太多帮助，即使你能够"知道"某个给定问题行为的原因，也很少能找到一个有效的方法来处理它，而且那种对行为背后原因的假设，事实上有时对解决问题非但没有帮助，反而更加有害。

第八章

结束语

我们的生活就是一个个故事,这些故事活在你的叙述中,随着视角的改变,赋予的意义,阐述的方式和后果的不同而改变着。

第八章 结束语

成功有很多父亲,但是失败是一个孤儿。

——谚语

童年的境遇到底在多大程度上影响我们的生命和发展,这个问题从20世纪初弗洛伊德的精神分析学说问世以来就一直困扰着西方世界。之所以如此令我们关注,是因为它触及了哲学的基本困境:人们是有自由意志的,还是环境的牺牲品?

从前,有一群学生拜见禅师,听他们敬仰的大师回答这个问题。大师谈到自由意志的困境,但是学生们还是不明白。演讲结束后,一位学生问道:"童年的经历对一个人成为怎样的人有重要的影响,不是吗?"

禅师笑着点头:"是的,你说得很对。"

另外一位学生问:"可是,不是说一个人要成为什么样的人,不管过去怎样,都是他自己可以决定的吗?"禅师笑着点头:"是的,你说得很对。"

第三个学生忍不住跳出来评价刚才听到的讨论,他说:"可是,大师,您两个都同意,不是自相矛盾吗?"禅师想了一下,然后很友善地微笑着,说道:"是的,你说得对。"

关于童年会如何影响我们,也许比我们所想的要复杂。过去的经历会影响我们,但是没有那么简单和直接。人类不是一个台球,可以用数学公式计算出它对击打的反应。人更像是一只狗,当一个人用棍子击打它的脑袋时,它也许会跳起来攻击这个人,也许会逃跑,或者会站在那里号叫着不动,或者还会以为这个人想跟它玩耍。它的反应取决于很多因素。

我们无法改变历史,发生的已然发生。我们不能抹去过去发生的事,过去也无法重来,但是我们可以在很大程度上去影响我们看待过去这些事件的角度和方式,以及它们对我们的意义。过去不仅仅是一个记载,一个按照时间顺序对所发生事件的记录,它们更是一些故事,这些故事活在你的叙述中，随着视角的改变、赋予的意义、阐述的方式和后果的不同而改变着。

有一个故事讲的是一个智慧的老拉比，他来到了一个村庄，这个村子有个年轻的拉比。老拉比第二天早上要做一个演讲，年轻的拉比计划在老拉比演讲时，带着一只鸟走过去，问一问他："亲爱的拉比，我有一只鸟在手里。你能告诉我它是死的还是活的吗？"如果这个老拉比说"它是活的"，这个年轻人就会神不知鬼不觉地用手掐死这只鸟，然后让所有人知道老拉比说错了，而如果他回答"它是死的"，这个年轻人就可以放了这只鸟，证明他比这个老人更智慧。

第二天，当老拉比跟村民们讲话的时候，这个年轻的拉比举起手，站起来挑衅道："拉比，我们都知道您是一个聪明且睿智的人，您能说出来我手上的这只鸟是死的还是活的吗？"

拉比沉思片刻，脸上露出顽皮的微笑，温和地回答道："这要看你的啦，我的朋友。它完全在你的手上啊！"

不管我们有过怎样的过去，或者当下过着怎样的生活，我们都有机会获得更好的未来。我们无法决定我们的命运，就像我们无法决定河流的流向。但是我们可以修建沟渠让河流改道，使其沿着有利于我们的方向流淌。

在翻阅整理手边的各种材料，包括读者来信、论坛讨论文章和科学文献时，我尝试着归纳收集一些清晰可见的人生智慧，领悟到了几条重要的指导原则。我希望下面这些原则能够反映出我们的生活哲学，也希望对你们在思索如何透过改变我们的态度来提升生活品质方面有所帮助。

- 尊重你自己所使用的克服困扰、走出人生逆境的各种方法。
- 把你的不幸经历当作培养正向品德的一场历练。
- 把注意力放在内在和外在的资源上，也许有很多你不曾意识到的资源。
- 为自己取得的进步和获得的成功而自豪，留意那些能够证明自己走在正轨上的蛛丝马迹。
- 知道自己想要什么样的生活和未来。没有目标，就没有方向。有梦想，才有可能实现。
- 相信自己值得拥有美好的未来。过去的日子越艰难，未来就越值得期待！
- 善待自己。记住，你并不孤单，继续寻找你的"芥菜籽"。

附 录

这里分享的是一封读者来信,可以让你们了解我收到的那些来信都是怎样回答我提出的那三个问题的。

我的童年实际上是相当快乐的,尽管一直充满焦虑、悲伤和哭泣。当然,回想往事我并不快乐。我因为在学校呕吐,所以很焦虑,学不懂数学也感觉很丢脸,又因为爸妈酗酒而不好意思带朋友回家。我的整个童年都被羞耻感和焦虑感所笼罩,甚至一直到青春期都是这样。我父母的酗酒问题在我和妹妹出生时就有了。我妈妈怀着我的时候就一直抽烟喝酒很厉害,以至于在我出生后她就患有"脱瘾症"(脱瘾症是指因长期服用毒品造成身体依赖和精神依赖,表现为停用毒品后,身体和心理出现不适感觉,摄入毒品后症状立即缓解。这是所有成瘾物质的共同特点,也是毒品让人上瘾的根本原因。——译者注)。我妈妈把我和妹妹送到我的外婆那里,她自己可以继续逍遥地过不负责任的日子。邻居都知道我们是个酒鬼之家,我外

回弹力

公也一直喝酒,跟邻居吵架。他这个人很奇怪,清醒的时候一句话都没有,喝醉了酒就会为一丁点儿小事而大发脾气。我外婆几乎不可能安静地在厨房刷一次碗,外公总是冲进厨房挥着拳头大喊大叫。但是他从来不动手打我外婆,也不打任何人,他只是大喊大叫,看上去很吓人的样子。可是我妈妈会经常挨我爸爸和其他男人的打。她经常挨打,身上总是青一块紫一块,她的头发在几年里大把地脱落了,牙齿也掉了好几颗。伴随着担心和紧张,我和妹妹经常听见爸爸妈妈和其他人在楼上打架。我们跟外婆在楼下都能听到打碎玻璃和家具倒地的声音,以及时不时传来的妈妈可怕的尖叫声,有时候还能看到她被其他男人从楼上推着滚到楼下。我妈妈结婚以后很多年都住在我的外公外婆家,直到老人实在受不了那些酒鬼客人的喧哗才搬离。

我童年的日子里身边都是些酒鬼,虽然没有人打我和妹妹,但生活里充满了暴力、喊叫、恐惧和焦虑。如果不是有外婆,我们早就被送到"儿童之家"了。外婆一直是家里的顶梁柱,忍受着丈夫的酗酒和暴虐,也照顾着她女儿的孩子。她在家里打扫、洗衣、做饭,挣钱给每个人花,照顾着每个人的需要。她像一个奴隶一样地干活，为别人奉献着自己的生命。到现在我妈妈还会找她要钱，她还是不会拒绝。我非常同情我外婆。她是一个好人，一个坚强的女人，但她应该有更快乐的晚年生活。

我爸爸在我12岁的时候上吊自杀了。当时每个人都在议论这件事，这给我带来了更多的困扰和羞愧。学校里的同学们喊我妈妈"妓女"，大家都在议论这些。我觉得自己这辈子完了，因为我有这样的一个家庭。我经常哭，想着我的爸爸，我好像根本就不了解他。我妹妹比我野一些，她好像没有我这么在乎。我是一个对周围的一切都特别敏感、感觉需要负责任的人。慢慢地我开始意识到，我爸妈酗酒不是我的过错。我不再恨我的妈妈和外公，我开始同情他们。他们是他们，我是我自己。

我很小的时候就有几个可以分享的好朋友，我常常跟她们在一起。特别是丽达，她的家就是我的庇身之所。丽达至今都是我最好的朋友，我很幸运，五岁的时候就有了自己的灵魂姐妹，我们一起做想象的游戏，一起长大成人。我们一起在大自然中嬉戏、画画、编织童话般的故事、读书、写作，所有这些时光给了我最快乐的童年回忆。我九岁就开始写诗、写故事,到现在依然笔耕不止。就因为那些美好的时光,虽然经历了那么多的悲哀和痛苦,我还是觉得我有一个快乐的童年。尽管生活不尽如人意,我的外婆从来不失她的风趣和幽默。如果没有天性中乐观积极的特质,她是无法熬过那些岁月的,我也一样。

一直到青春期,我在人群中都很腼腆和焦虑,特别是在学校里。我缺乏自信,害怕别人知道我来自那样一个家庭。我敢肯定,如果人们知道了这一切,就会给我贴上特定的标签。后来我去学习跳舞,开始只是感兴趣,慢慢地变得很擅长,我的进步很快,不久就能够在观众面前表演了。刚上台的时候,我紧张得要命。但是跳舞让我越来越了解自己,有了很大的自信。我好像知道该怎么跳舞,而且很享受练舞蹈、编舞以及跟朋友们一起策划演出的过程。我在学校的状况也越来越好了,越来越大方和自在,就像丑小鸭变成了白天鹅。我意识到,我不会变成像我父母那样的酒鬼,我可以做自己想做的任何事。舞蹈改变了我的生活,因为我的能力和成就,我甚至变得很受欢迎,有了一些社交活动。除了交朋友和写作,舞蹈对于我

附 录

也是一种治疗。我以高分从学校毕业，18岁的时候被戏剧艺术学院录取，学习现代舞。那一刻真是太激动人心了，太开心了！我知道我走过了最艰难的时光，虽然我还要面对恐惧和各种挑战，但最终会成为真正独立的成年人。

舞蹈于我而言真的是一种治疗，所以我在第一年就决定放弃学院的专业舞蹈学习。我想成为一名专业治疗师，学习舞动治疗。虽然我小时候家里很贫穷，我从来没有得到父母的关爱，但是我从来不想改变我的童年，哪怕老天给我机会去改变。尽管有那么多的不容易，我还是想说，我的童年是快乐的。因为家境不好，我很享受待在外面的时光。我很高兴自己有能力在很小的时候就可以透过写作以及其他一些富有创意的形式来表达自己的感觉和想法。要不是经历了那么艰难的童年，我也不会成为今天这个富有创意、敏感和目光敏锐的人。而敏感和敏锐的目光正是作为一名职业的儿童心理治疗师所需要的特质，我能够在几公里以外感受到恐惧和焦虑。我也学会了感恩，我很感谢童年时期外婆对我们的照顾，其实她可以不管我们的。我和妹妹如今都长成了独立的大人，这让我非常感恩。我领悟到，生活中没有什么是"天经地义"的，即使是爱，我们应该对平安度过的每一天心怀感激。我的童年经历在我的生命中植入了坚强的血液，我不会轻易被压垮。我感觉每一天都让我变得更坚强，我很高兴有机会梳理这一切，把我的经历和感悟分享给其他需要的人。

现在，我有很棒的亲密关系，能够在这个关系里做真实的自己。这个关系让我体验到童年时期缺失的爱和温情。我的内心深处涌动着巨大的感激之情，感谢长大之后得到的这份爱、喜悦和幸福。即使这段关系结束了，我也能够从中得到力量，一直走下去。我有好朋友，有一个可爱的家、一个有趣的工作，有很多能够带给我激情和创意的业余爱好。更重要的是，我有很平衡的生活，伴随着我的生命和各种经历，我的内在智慧也在成长。我的童年经历带给我很多的智慧和力量。没有任何人、任何事能够从我身上拿走它们，即使失去所有，也只会让我更坚强、更有智慧。

图书在版编目（CIP）数据

回弹力：是什么帮你撑过了艰难时刻/（芬）本·富尔曼（Ben Furman）著；李红燕译. —北京：华夏出版社，2018.6
书名原文：It's never too late to have a happy childhood
ISBN 978-7-5080-9475-5

Ⅰ. ①回… Ⅱ. ①本… ②李… Ⅲ. ①心理学－通俗读物 Ⅳ. ①B84-49

中国版本图书馆CIP数据核字（2018）第060488号

©Ben Furman 1997

版权所有　翻印必究
北京市版权局著作权合同登记号：图字01-2014-7217号

回弹力：是什么帮你撑过了艰难时刻

作　　者	［芬兰］本·富尔曼	
译　　者	［芬兰］李红燕	
责任编辑	王凤梅	
责任印制	刘　洋	
出版发行	华夏出版社	
经　　销	新华书店	
印　　刷	三河市兴达印务有限公司	
装　　订	三河市兴达印务有限公司	
版　　次	2018年6月北京第1版	
	2018年6月北京第1次印刷	
开　　本	880×1230　1/32开	
印　　张	5.5	
字　　数	55千字	
定　　价	39.80元	

华夏出版社　地址：北京市东直门外香河园北里4号　邮编：100028
网址：www.hxph.com.cn　电话：（010）64663331（转）

若发现本版图书有印装质量问题，请与我社营销中心联系调换。

"儿童技能教养法"集芬兰教育之精华，
跨越种族、体制和文化，
经过 **25** 年的实践，
目前已在 **23** 个国家推广。

动手打人，说脏话 脾气坏 撒谎
做事磨磨蹭蹭
注意力不集中
不会和小朋友交往
尿裤子
有偷窃行为
……

如果您的孩子

别着急！
15步儿童技能教养法用教导技能来应付孩子的问题，
让孩子在解决问题的同时感受到学习的快乐，
激发孩子的自信与动力。

来自世界各地的"儿童技能教养法"的案例分享,共同见证"儿童技能教养法"带来的奇迹。

我的信念是:

  孩子们生来就具足资源,他们能够克服自己的困难、能够自己解决自己的问题。我们的职责不是解决他们的问题而是欣赏他们的天赋,为他们的创造力注入活力,这样我们就可以尽力做到不干扰孩子的成长之路了。